人生随处是心安

修心篇

南怀瑾 讲述

南怀瑾先生，1955 年于台湾省基隆市。
詹阿仁摄影

南怀瑾先生简介

南怀瑾先生，戊午年（1918年）出生，浙江省乐清县（今乐清市）人。幼承庭训，少习诸子百家。浙江国术馆国术训练员专修班第二期毕业，中央陆军军官学校政治研究班第十期修业，金陵大学社会福利行政特别研究部研习。

抗日战争中，投笔从戎，跃马西南，筹边屯垦，曾任大小凉山垦殖公司总经理兼自卫团总指挥。返回成都后，执教于中央陆军军官学校军官教育队。其间，遇禅门大德袁焕仙先生而发明心地，于峨眉山发愿接续中华文化断层，并于大坪寺阅《大藏经》。讲学于云南大学、四川大学等院校。

赴台湾后，任中国文化学院（今中国文化大学）、辅仁大学、政治大学等院校和研究所兼职教授。二十世纪八十年代曾旅美、居港。在台、港及旅美时期，创办东西（文化）精华协会、老古出版社（后改组为老古文化事业股份有限公司）、《人文世界》杂志、《知见》杂志、美国弗吉尼亚州东西文化学院、ICI香港国际文教基金会，主持十方丛林书院。

在香港期间，曾协调海峡两岸，推动祖国统一大业。关心家乡建设，1990年泰顺、文成水灾，捐资救患；在温州成立南氏医药科技基金会、农业科技基金会等。又将乐清故居重建，移交地方政府作为老幼文康中心。与浙江省合建金温铁路，造福东南。

继而于内地创办东西精华农科（苏州）有限公司；独资设立吴江太湖文化事业公司、太湖大学堂、吴江太湖国际实验学校；推动兴办武汉外国语学校美加分校；推动在上海兴办南怀瑾研究院（恒南书院）；恢复禅宗曹洞宗祖庭洞山寺；支持中医现代化研究——道生中医四诊仪研制与应用；资助印度佛教复兴运动；捐建太湖之滨老太庙文化广场。

数十年来，为接续中华文化断层心愿讲学不辍，并提倡幼少儿童智力开发，推动中英文经典课余诵读及珠算、心算并重之工作。又因国内学者之促，为黄河断流、南北调水事，倡立参天水利资源工程研考会，做科研工作之先声。其学生自出巨资，用其名义在国内创立光华教育基金会，资助三十多所著名大学，嘉惠师生云云。其他众多利人利民利国之举，难以尽述。

先生生平致力于弘扬中华传统文化，并主张融合东西文化精华，造福人类未来。出版有《论语别裁》《孟子旁通》《原本大学微言》《老子他说》《金刚经说什么》等中文繁简体及外文版著述一百四十余种。且秉持继绝兴亡精神与历史文化责任感，自行出版或推动出版众多历史文化典籍，并藏书精华数万册。

要之：其人一生行迹奇特，常情莫测，有种种称誉，今人犹不尽识其详者。

壬辰年（2012年）仲秋，先生在太湖大学堂辞世，享年九十五岁。

出版说明

南怀瑾先生一生致力于传播中国传统文化，他的论述涉及的学问领域之广，作品的影响力之大，在当代都是首屈一指的。南怀瑾先生的作品，素来有深入浅出、通俗易懂的特色，但是毕竟体量宏富，万象森罗，已正式出版的中文简体版作品超过五十种，总字数近千万，且以分门别类的专著为主，因而对于一般读者来说，阅读的门槛和压力还是有的。

我们策划这套书的目的，是为广大读者提供一种更轻松、关联性更强的阅读体验，也希望有更多新的读者通过这套书走近南怀瑾先生，走近中国传统文化。

为了达到这个目的，我们为每一本书设定了一个主题。每个主题一方面对应着南怀瑾先生作品中的一个重要内容板块，另一方面对应着与读者的关联性。每一本书一般由几个章节构成，每一章聚焦全书主题的一个方面，由几篇文章构成。每篇文章由标题引领一个相对完整和独立的叙述，大部分文章篇幅在三千字左右。每篇文章素材的选择，遵循知识性、趣味性和启发性三个原则。我们力求让每一篇读起来都是"散文"的体验,体量轻小,易于阅读和归纳理解,而篇章之间又组成更大的叙述和主题,让读者有层层渐进、步步深入的体会。

修心,无论是在传统文化中,还是在南怀瑾先生的学问体系中,都是非常重要的主题。同时,修心也是一个非常宽泛的话题。在传统文化中,它可以是孔子的克己复礼、孟子的浩然之气,也可以是庄子的乘物游心、老子的专气致柔,还可以是佛教的菩提;以日常情境来讲,小到自我情绪的管理、待人接物的态度,大到人生信仰、文化归属,也都可以包蕴在"修心"之中。

南师曾预言:"十九世纪威胁人类的是肺病,二十世纪威胁人类的是癌症,我想二十一世纪一定会是精神病。……物质文明虽进步,给人类带来许多生活的方便,但并没有为人类带来幸福,只是带给人类更多心灵上的痛苦。这种痛苦的结果,将来又导致心理变态、精神分裂而至于现在已开始增加的精神病。"

如果再联系到当下迅速流行又不断更迭的一些词语,如正念、心流、自控力、断舍离、钝感力、松弛感,以及内卷、躺平、致郁、精神内耗……我们就会明白,"修心"已然是当代人最迫切需要应对的课题。其实,这些流行词语所隐含的问题、概念、方法,并不新鲜,几乎都可以在传统文化中找到对应。

《人生随处是心安》意在为读者呈现南师以知行合一方式探索、验证的传统修心路径。第一章"心是什么",先点出无论做人做事还是学佛修道,身心修养都是根本,再从身心关系、心意识概念、人心与道心等维度阐明传统心性之学内圣外王的特色。第二章"凡人的心病",梳理人们最常见的心理问题和弱点。第三章"谁能不动心",以古代圣贤在修心之路上遇到的难题说明修心过程中的关键节点。第四章"自在的活法",侧重探讨普通人在世俗生活中如何修心,展示修心的基础方法和初阶成效。第五章"修心之境"的"修心"是"已修之心",展示修心可以达到的至高境界。

北京磨铁文化集团股份有限公司

南怀瑾系列作品编辑部

目录

第一章　心是什么

身心修养是根本　/ 2

修身的重点在正其心　/ 10

心能转身　/ 15

心与七情　/ 19

知性与意气　/ 23

心、意、识三重境　/ 27

人心与道心　/ 32

第二章　凡人的心病

心病难医　/ 38

心里的内耗　/ 41

忘记多好啊　/ 47

宠辱谁能不动心　/ 52

悭贪之心　/ 56

嗔恨之心　/ 60

愚痴之心　/ 64

傲慢之心　/ 67

疑惑之心　/ 73

嫉妒之心　/ 78

一念之间有什么　/ 83

第三章　谁能不动心

孔子一生的修养　/ 88

功成名就还能不动心吗　/ 91

罗近溪的弯路　/ 102

为情所困　/ 107

乐天知命就不烦恼了吗　/ 112

诸葛亮的抉择　/ 118

诗人们的修心与养气　/ 121

了不可得安心法　/ 128

黄庭坚的开悟　/ 132

第四章　自在的活法

自在的活法　/ 138

不怕情绪，只管知性　/ 143

静下来才能清　/ 148

游心于淡　/ 152

克己复礼也是修心　/ 155

由心理行为扩充到仁义　/ 158

勇气与守约　/ 162

心气合一的修养　/ 166

心有所主　/ 174

尽心知性与动心忍性　/ 179

观自己的心　/ 183

烦恼也是菩提　/ 187

此心如何住　/ 190

善护念　/ 200

《牧牛图》与渐修调心　/ 206

第五章　修心之境

修道者的境界　/ 218

心性修养不同层次　/ 226

八风吹不动　/ 231

至人　神人　圣人　/ 235

开悟的人是什么样子　/ 239

平凡的境界　/ 243

不可得的心　/ 247

灵山只在汝心头　/ 252

离经的四句偈　/ 257

内圣外王菩提心　/ 262

第一章

心是什么

身心修养是根本

我发现大家有个错误观念,以为南怀瑾是个学佛打坐搞修道的人,想跟他学一点修身养性,如不能成仙成佛,也至少祛病延年。这个观念错了,不是这样一回事。

大家真的要学,就千万不要认为这一套是长生不老之学,什么健康长寿、成仙成佛,不要存这个希望。我活到九十多岁,一辈子都在找,也没有看到过仙佛。那么有没有这回事啊?有,但是找不到。

仙佛之道在哪里?今天正式告诉大家。我的著作很多,大家要学修养身心,重点是两本书,一本是《论语别裁》,讲圣贤做人、做事业的行为。我在序言里也讲到,我不是圣贤,只是以个人见解所了解的中国文化,做人做事是这样的。所以,你不管学佛修道,先读懂了《论语别裁》,才知道什么叫修行。

《论语》真正是讲圣贤做人做事的修养之道,也就是大成至圣先师孔子的内圣外王之道。孔子是中国的圣人，在印度讲就是佛菩萨，在外国就叫作先知，在道家叫作神仙。可是在儒家的传统上，只把大成至圣孔子看作是一个人，不必加上神秘外衣，他就是一个人。

《论语别裁》是我很重要的一本书，另一本非常重要的是《原本大学微言》。要问打坐修行修养之道，《原本大学微言》"开宗明义"都讲到了。《大学》之道是大人之学。中国古代的传统，周朝以前的教育是八岁入小学，到了十八岁由童子变成大人了，开始教《大学》，教你如何做一个人。

"大学之道，在明明德，在亲民，在止于至善。知止而后有定，定而后能静，静而后能安，安而后能虑，虑而后能得。物有本末，事有终始，知所先后，则近道矣。"这是第一节，有三个纲要，叫作三纲：明明德，亲民，止于至善。怎么解释呢？在中国文化中，它是内圣外用之学，由一个普通人变成圣人，就是超人，超人就是仙，就是佛了嘛。但儒家不加宗教的花样，仙啊，放光啊，神通啊，都不谈的，只是说如何做一个人。

什么是明德呢？明德就是得道；明德以后去修行，起行，做济世救人的事就是亲民；止于至善是超凡入圣，变超人，天人合一了。这是讲从一个凡人成为知道生命来源的圣人的三个纲要。

大家要学佛，对不起啊，我请问一个问题，不是质问，是请教。哪一位朋友简单明了地告诉我，什么叫佛？自觉，觉他，觉行圆满，叫作佛。佛在印度文中叫 Buddha，现在的翻译叫佛，老的翻译叫佛陀，也就是我们唐朝的音，意思是自度度他，自利利他，功德圆满，智慧成就。

"自觉"是自悟，自己悟了，所谓证得菩提就是悟了，找到生命的根本；"觉他"是度一切众生。在《大学》呢？明德就是自觉；亲民就是觉他；自己悟了，证得菩提，行为、功德做到度一切众生，利益大众，这些都完成了，止于至善。这样叫作觉行圆满，就是佛。换句话说，自利，利他，功德智慧圆满，就是"大学之道，在明明德，在亲民，在止于至善"。所以佛学跟《大学》所讲的一模一样。讲佛也好，神仙也好，都离不开它的范围。

不过反过来讲，学打坐也对啊。他说"大学之道，在明明德"，怎么明呢？道怎么得呢？怎么明白生命的根本意义呢？"知止而后有定，定而后能静，静而后能安，安而后能虑，虑而后能得"，这不是都讲得明明白白的吗？就此一路过来得到那个明德，得道了。这也就是打坐的方法，知、止、定、静、安、虑、得，一共七步功夫，七证。所以后来佛学说修禅定，这个禅定的翻译就是从"知止而后有定"来的，禅定也叫作静虑。

"大学之道，在明明德，在亲民，在止于至善。知止而后有定，定而后能静，静而后能安，安而后能虑，虑而后能得。"这个修养功夫的程式，也就是求证大道的学养步骤，都跟你们讲完了，一步一步，就得到道，得到明德了。这是讲内圣之学，自己内在的修养功夫。

跟着三纲还有八目，就是八个方向。怎么样能够达到打坐功夫的境界，达到圣人的学问和修养的程度呢？"物格而后知至，知至而后意诚，意诚而后心正，心正而后身修，身修而后家齐，家齐而后国治，国治而后天下平。"这叫八目，格物，致知，诚意，正心，修身，齐家，治国，平天下，八个大项目、大方向的外用之学。

我年轻的时候同大家一样，到处求师，求神仙，拜菩萨求佛，要修行，找门路。当时去大后方，经过长江湖南的边缘地带，有一派修道的人，里面有个神仙，徒弟很多，据说有神通，本事很大，很多人生了病找他，他会画符念咒，拿一杯水，嘴里念，手在水上画，喝了病就好了。真厉害，好像小病都喝好了。我心里想，这是什么咒啊？是不是出家人的观世音菩萨大悲咒啊？所以我非拜门不可，非求这个法门不可，磕头花钱，向他求了半天。拜门吧，花多少钱都要学。他说："六耳不同传啊。"什么叫六耳不同传？你磕了头花了钱,过来跪在旁边,只对着你一个人的耳朵讲。先传你五个字的口诀,这个是秘密、密宗,然后传你咒语,你也会画符水给人家治病。我规规矩矩跪着,原来五个字的诀是"观世音菩萨","南无"都不要念了。

哎哟!我一听,这个我祖母就会,我妈妈也念,还等你教我?"咒呢?""大学之道,在明明德,在亲民,在止于至善……自天子以至于庶人,壹是皆以修身为本。"就是这一套。我一听,整个心都凉了,这我八岁就会了,还要你传我这个咒?!我想我给人家念一定不灵,因为我不信嘛。

当时我年轻,学了以后笑一笑,也磕头谢师,不理这一套,拿现在的讲法,这玩意骗人的。不过我错了,学佛以后明白他没有骗人,为什么?佛法说"一切音声皆是陀罗尼(咒语)",《大学》也说"意诚而后心正,心正而后身修"。我的意已经不诚恳了,所以不灵,意识一诚恳就是精神起了作用,所以《大学》这段话也是咒语,真话!

这是我年轻时经历的一段故事。所以念咒子啊,找这个仁波切,那个活佛,拜那个师父,统统都是形式,只要你诚意、正心、修身、齐家,就可以做到"致知在格物"。大家打坐,这里酸那里痛,心里根本没有诚意在打坐啊!你是在管自己的身体,想练出一个什么功夫来,意不诚呀!

"古之欲明明德于天下者,先治其国;欲治其国者,先齐其家；欲齐其家者，先修其身；欲修其身者，先正其心；欲正其心者，先诚其意"，注意这个"意"，"欲诚其意者，先致其知；致知在格物"，然后"物格而后知至，知至而后意诚"，反过来说了。这两段，一正一反，一来一去，要特别注意！致知、诚意这两个就是学习静坐，乃至成仙成佛、健康长寿，这是一切修养功夫的基础。

什么叫"致知"呢？"知"就是知性。我们生来就有个知性，做婴儿的时候，肚子饿了晓得哭，冷了也晓得哭，这个知性是本来存在的。这个知是思想的来源，就是说，这一知，我们普通话叫天性，没有一个人没有的。只不过在娘胎里十个月，出生的时候把这十个月的经过忘记了。同我们现在一样，做人几十年，许多事情会忘掉，尤其娘胎里的经过，几乎每个人都受不了那个痛苦的压迫，都迷掉了。但这个知性并没有损失，当一出娘胎的时候，脐带一剪断，知道冷暖与外界的刺激，就哭了，哇……受不了一哭叫，知性就起作用了。然后旁边的大人把我们洗干净，用布包好，衣服穿上，喂奶，舒服一点，不哭了，都知道的。所以饿了就会哭，就要吃，这个知性是天性带来的。

打坐怎么样得定啊？致知。那么什么叫格物呢？不被外界的物质所引诱牵引，叫格物。我们的知性很容易被外界的东西所引诱，譬如我们的身体，打起坐来酸痛、难受，身体也是个外界的物啊！大家马上可以做个测验，当你坐在那里腿子酸痛、一身难受的时候，突然你的债主拿把刀站在前面，非要你还钱不可，不还就杀了你，你立刻都不痛了，为什么？你那个知性被吓住了。身体的痛是物，何况身外之物啊？当然一切皆是外物了，所以"致知在格物"，就是不要被身体的感觉以及外境骗走。

"物格而后知至"，把一切外物的引诱推开，我们那个知性本来存在的嘛。你打起坐来，知性很清楚，不要另外找个知性。所以先把这个知性认清楚了，再讲打坐。为什么要打坐呢？因为我追求一个东西。这样一来，你已经上当，被物格了，不是你格物，是物格你，把你格起来了。所以"致知在格物"，"物格而后知至"，把一切的感觉、外境都推开，你那个知性清清楚楚在这里，姑且可以叫作像一个得定的境界了。

"知止而后有定"，这时候，你那个知道一念清净的，就是知性，一念清净就是意诚，念念清净，知性随时清清明明，不被身体障碍所困扰，不被外面一切境界所困扰，也不被自己的妄想纷飞所困扰。"意诚而后心正"，什么都不要，这个就是心正。"心正而后身修"，这样我们身体的病痛、障碍、衰老，慢慢就会转变过来。

修身，正心，诚意，后世的儒家称之为天人之道、天人合一。中国文化讲修身养性，是身和心两个方面。静坐修心是一方面，这个要有一定的功夫才能做到；一般做不到修心的，就必须起来应用。

身的方面是合理的运动，不是强烈的，强烈运动有时候伤身体，譬如西洋的运动，跑步、跳高、打球啊，有时候比较剧烈。像中国少林武当这套内养的功夫，是修身的道理。所以有一句话——"动以修身"，运动是在修身；"静以修心"，打坐是修心；"身心两健"，身体健康了，心理也健康了；"动静相因"，动是静的因，静也是动的因，动静互相为因果。

至于你身体的障碍，坐起来这里不舒服、那里不舒服，对不起，要注意了！大家到了中年，身体都有问题，同我一样衰老了。小孩子年轻，身体障碍小，但心理躁动不安静；人到中年，心想安定，但身体已经不答应了。为什么不答应呢？因为大家玩了那么多年，吃喝玩乐，坏事也做得不少，好事却做得不多啊，是该受一点果报了，所以会痛一下，酸一下。那就赶快做运动，再求静坐。

（选自《廿一世纪初的前言后语》）

修身的重点在正其心

《大学》说:"所谓修身在正其心者:身有所忿懥,则不得其正;有所恐惧,则不得其正;有所好乐,则不得其正;有所忧患,则不得其正。心不在焉,视而不见,听而不闻,食而不知其味。此谓修身在正其心。"

为什么说"修身在正其心"呢?事实上,我们身体歪了,"心"想要它正起来,你的心尽管想正,它就老不会正,这又是怎么说呢?大家不要搞错了《大学》所谓"修身"的道理,并不是指如整骨、整形、美容医师们的治疗手术的学识,它一是说由身体内在所表达于外形行为的态色,二是说由身体内在生理习性所发生的"忿懥(轻易发脾气)、恐惧(随时怕事)、好乐(容易动容)、忧患(悲观多虑)"等和"喜怒哀乐"的情绪,需要修整的学问。

如果我们引用老子的话来做对比的说明,就更明白了。老子说:"故贵以身为天下,若可寄天下。爱以身为天下,若可托天下。"又说:"后其身而身先,外其身而身存。"

至于大乘佛学,为了慈悲济世而救度众生,所谓真的菩萨们,是可施舍本身的头目脑髓的。那都是超越世情的常道,并非人道中的平常人所能够做到的。

但是,如要钻牛角尖,一定要向生命的身体上讲求"修身"与"正心"的关系,那是纯生理、纯医理等的学问,属于唯物哲学和科学的一边。它和唯心哲学的一边,都是同等的深奥,都不是以普通常识所可思议的。例如,我们古来传统文化中的道家医学,甚至道家学派支流的神仙丹法,以及从印度流入中国的后期佛学,如西藏密宗的修行路数,都如一般人所固执的"身见"一样,要想从现有的肉体生命上追求,愿意自找麻烦地钻出一个成果来。可是它所包括的学理,更是千丝万缕,非常复杂,并非如一般人盲修瞎炼,随随便便"内炼一口气,外炼筋骨皮"就可以一蹴而就的。

至于后世一般人,为了长生不老,借重佛道两家乃至神仙密宗等名目,执着于人身的"身见",拼命做炼气修身的功夫,那就应该先深入学习佛学对于人道生命的生来死去的学识,有个透彻的了解。如《入胎经》"十二因缘"的"中有"理念等。然后对《素问》《灵枢》阴阳大道的学理,以及人身"十二经脉""奇经八脉"和几百个穴位,先有了医学上的基础。再对印度瑜伽术所说的"军荼利"(中文翻译如"灵能""灵力""拙火"乃至"三昧真火"等,都是人身生命功能的代号),以及和它相关的人体生理七万二千脉、一万三千神经、四千四百四十八种病情,都有实修实验的学习,然后才可以讲究修身炼气之道。

但是最基本的也是最重要的:"所"修者是"身","能"修者是"心"。最后还是要归到《大学》所说的一句名言:"此谓修身在正其心。"

"大学之道",由"致知""物格",直到"诚意""知止",都属于我们生命存在的精神方面的事。用简略粗浅的习惯观念来说,都是属于心理部分的事。但人和一切生物生命的存在,都是由身、心两部分所组合而成的。精神和心,众生天天在用,在活动,但心不知心,心亦不见心,正如《易经》上所说"百姓日用而不知"。如果要想自己见心、知心而明心,从"大学之道"来说,必须先从"知性"开始学养,由"知止而后有定",到达"安、静、虑、得"的境界,才能得知"明德"自性的本来。

但一般的人,由生到死,大多数不管"心"是什么东西,"意"是什么东西,"知性"又是什么东西。从十九世纪开始,除非是学心理学或是哲学,乃至学医学的精神病科等学科的人,都是从唯物哲学的科学出发,才能对这些问题构成它为新兴科学分门别类的一套学识。

"修身在正其心",道在心,不在外形,都是同一意义。但"心"在哪里?"心"是什么?什么是"心"?怎样才是"心在"?怎样才是"正心"?曾子只说"心不在焉,视而不见,听而不闻,食而不知其味。此谓修身在正其心"。反过来说,视而见的是"心"在见,听而闻的是"心"在闻,食而知味的也是"心"在知味。如果一个人,在同一时间内,看见一件很可笑的东西,又听到有人笑得像哭的声音,嘴里还正在吃得津津有味,又碰到牙齿咬破了舌头,这时"心"作用在哪一个上面?当然,也可以说当下能看、能听、能知味又能知痛痒的,同时都是"心"的作用。

但照现代医学来说,这些作用都是脑的反映,并没有另外一个"心"的存在。但是,近来医学上对脑的研究,并不是绝对肯定地说,除脑以外便没有"心"了。不过,我们现在不能跟着医学的科学来讨论"心"和"脑"的辨别,不然会愈说愈加繁复。我们只能照固有的传统文化来讲,如前所说,同时能起"见、闻、觉(感觉)、知"作用的,还正是意识的范围,意识与脑的作用几乎是连在一起的。

至于传统文化中所说的"心",是包括整个人体的头脑、四肢、百骸、腑脏,甚至所有的细胞。乃至现有生命活力所波及的反射作用,以及它能起思维、想念和意识所反映的"见、闻、觉、知"等功用,都是一"心"的"能知""所知"的作用。它既不是纯生理的,又不是纯精神的。而生理的、精神的,又都属于"心"的范畴。所以便可知道传统文化中的"心"是一个代号,是一个代名词。如果把它认定是心脏,或是脑的反映,那就完全不对了。换言之,"心"是生理、精神合一的代号,既不是如西方哲学所说的"唯心",也不是"唯物",它是"心物一元"的名称而已。

(选自《原本大学微言》)

心能转身

我们现在不妨略知皮毛地说一点养生学的理论。如说，愤怒伤肝，恐惧伤肾，好乐伤心，忧患伤肺。换言之，容易发怒或脾气不好的人，便是肝气不平和。容易害怕，俗话所说的胆小怕事的人，便是肾气（与脑有关）不平和。嗜好过分，特别如饮食、男女方面过分，可使心脏有问题。多愁善感，或遇家庭问题，其他事故，心多忧患，便由肺气不平和开始，影响内脏健康。总之，七情六欲与生理健康关系非常大，错综复杂，一言难尽。中国古代医学所讲的"五劳七伤"，便是这些原因。但是知道了也不必怕，只要明白了"诚意""正心"，明白了"心能转物""心能转身"，一切可以从"唯心"的力量自能转变。当然，这就是"大学之道"大人之学的学问所在了。

通常每一个人，由表情、态度、动作和言语表达等综合起来，才构成为一个人的行为。所有这些行为，是由整个人体的"身"在运作。但在每一个人的行为动作中，都充分含有"喜、怒、哀、乐""忿懥、恐惧、好乐、忧患"的成分。无论是婴儿、老人，或是聋盲暗哑残障的人，都是一样，并不因为肢体的缺陷就缺少七情六欲的成分。

因此，平常要了解一个人，认识一个人，观察一个人，都是看到这个人就知道了他是爱笑的人，或是容易发脾气的人，或是非常保守内向的人，或是很有浪漫气息的人，或是很狂妄傲慢的人等。其实，所谓这个人，是人们习惯性"逻辑"上的普遍"通称"。严格地说，这许许多多不同类型的人，是从他们有每一个单独不同的"身体"所表达出来的不同形相。人们因为使用名词成为惯性，便就统统叫他们是每一个"人"的不同，不叫他们是每一个"身"的不同。

我们明白了这个"逻辑"道理，再来看《大学》，对于一个人的"身心"，就用很严谨的界别，述说有关喜、怒、哀、乐等情绪的重点，是属于"身"的一边，尤其容易见之于形态表达的作用上。要想修整改正这些生来的习性，所谓从事"修身"之学，便要从"心"的方面入手。

但现在问题来了，"心"是什么？"心"在哪里？怎样才是"心在"？怎样才是"正心"？诚如曾子所说："心不在焉，视而不见，听而不闻，食而不知其味。"这当然是毫无疑问的事实。譬如那些古代言情小说所写的，"茶里饭里都是他"，一看就知道她心里在想念着一个人，对茶饭无心欣赏，并不是说茶里饭里有个心。同样的道理，当一个人在极度愤怒、极度恐怖、极度爱好、极度忧患的时候，也是"茶里饭里都是他"，也是"视而不见，听而不闻，食而不知其味"的。

因此，在曾子之后的孟子也说："学问之道无他，求其放心而已矣。"孟子是说，每个人平常都生活在散乱或昏迷的现状中，此心犹如鸡飞狗跳，并不安静在本位上，所以只要能收得放肆在外的狂"心"，归到本位，就是真正学问修养的道理了。

曾子与子思都是传承夫子道统心法的弟子，也可以说是孔门儒家之学的继承者。《大学》与《中庸》，都是专为弘扬孔子"祖述尧舜"的传心法要，当然就形成另一种严谨肃穆的风范。后世的人读了都非常敬仰，但实在也有"敬而远之"的味道。因为这些精义稍加深入，就像宗教家的戒律，使人有可望而不可即的迟疑却步之感。

其实，心性之学，确是中国周秦以前文化的精髓。在那个时期，世界上除了希腊文化中的哲学部分略有近似以外，只有印度文化中的佛学，才对心性之学有专门独到的长处。不过在曾子、子思的时代，佛学并没有传入中国，所以不可以同日而语。但在春秋初期，中国文化学术儒、道、墨等分家的学说还未萌芽，就有早于孔子而生的管仲，对于心性之学已有湛深的造诣，只是后世的人们把他忘掉，归到"政治家"里去了。因此,他在政治领导的方向上,能够为中国的历史政治制度奠定良好的基础,永为后代的典范,并不是偶然的事。

(选自《原本大学微言》)

心与七情

　　我们人，生来有思想、有知性，思想的功能很大，我们普通叫它"心"，是个代号，不是指身体功能器官的心脏。这个能思想的作用，我们的文化里有的把它叫心，有的叫意。

　　你看中国字，这个"意"字，上面一个建立的"立"，下面是个太阳一样，古文是画一个圆圈，中间有一点，下面是个"心"字，这个"意"也是心的作用。还有一个"識"（识）字，左边"言"字旁，中间一个"音"，右边加一"戈"字，言语变成声音，像武器一样可以杀人，也可以利人。我们的心、意产生内在的思想，再变成外面的行为、言语，是非善恶意见来了，就是识。心、意、识是三个阶段。

　　生下来的孩子就有知性，肚子饿了就哭，捏他痛了会哭，逗他开心也会笑。这个"性"字，不是本体先天的本性，是讲后天的性。性就是代表知性，能够知道一切。胎儿在娘胎几个月已经有知性，父母在外面的动作他都知道。

这个"知"是生命本有的。婴儿会哭会闹,那个是"情",我们现在经常说"我情绪不好",情绪不是知性哦!譬如我们知道自己要发脾气,内心也会劝自己,不发也可以啊,可是忍不住会发,这是情的作用,不是知性的作用。这个情是什么呢?

先了解人性是个什么东西。中国文化讲人性除"性"以外,特别提一个"情"字,合起来称"性情"两个字。譬如人性,生而知之的,就是知性。一个婴儿也好,一个什么也好,生来就知道的是"性"。婴儿没有思想,他饿了知道要吃,冷起来也不舒服,就会哭,高兴时,不会讲话,只是微微笑容状,这是"性"的问题。

"情"是什么东西呢?我们中国传统文化讲"七情六欲"。"情"分成七个方面——喜、怒、哀、乐、爱、恶(讨厌)、欲(欲望),这叫七情。后来我们读书的时候,成语叫作"七情六欲"。这六个欲望,是魏晋以后,佛学进入中国后加上的。欲望有六个,叫"色、声、香、味、触、法"。可以说东汉以前,只讲七情。

"喜"与心脏有关;"怒"与肝脏有关;"哀"同肺肾有关系;"乐"是高兴,同心肾有关系;"爱",贪爱,同脾脏有关系,我们通常讲脾胃,胃是胃,脾是脾,作用有别;"恶",讨厌,有些人的个性,看到人与物,随时有厌恶的情绪;"欲",狭义的是指对男女性的欲望，广义的是贪欲，包括很多，求名求利，当官发财，求功名富贵，要权要势，这些都是欲。

"喜"，很少有人天生一副喜容，尤其是中国人。我在外国时，一个美国朋友问我："南老师，你们中国人会不会笑？"你们听了一定跟他吵起来，中国人怎么不会笑？我一听，说："我懂了，你这个问题问得好，你们美国人的教育习惯，早上一出门，随便看到谁，哈啰！早安！都笑得很习惯。"我说："你不懂中国人，中国的民族不像你们这样教育，譬如大人带着孩子，对面来个不相识的人，如果这个孩子说：'伯伯你好！'大人会说：'人都不认识，你叫个什么屁啊！'"我说我们的教育是庄重的，不是熟人不敢随便叫，不敢随便笑。所以东方人个个都像是讨债的面孔，好像别人欠我多、还我少。所以佛学讲"慈悲喜舍"，一个人每天欢欢喜喜，那是很健康的。

"怒"，你看我们很多朋友一脸怒相，对任何事都看不惯；还有些人，眉毛是一字眉，脾气很大。东方属木，肝也属木，东方人肝气都容易有问题，所以容易动怒。

"哀"，内向的、悲观的，什么都不喜欢，一天到晚努个嘴，头低下来，肩膀缩拢来，看人都是这样畏缩。现在说的自闭症、忧郁症、躁郁症啊，都与生理上的肺、肾有关。

"乐"，有些人是乐观的，我们这里有一个朋友，我叫他外号"大声公"，笑起来声音大，外面都听得到，他就是乐观的人，胸襟比较开朗。这和心气关系密切。

这个"爱"字呢？中文所讲的爱有贪的意思，贪是对什么都喜欢。有人喜欢文学，有人喜欢艺术，有人喜欢打拳练武功，有人喜欢偷钱，有人喜欢散财，各人喜爱不同。这个"爱"字包含就很多了，东方称贪取叫"爱"。现在西方文化讲爱的教育，是由耶稣的"博爱"一词来的，那就是中国儒家所讲的仁，佛家叫慈悲，我们普通叫宽恕。儒家孔孟关于做人有句很重要的话："严于律己，宽以待人。"这是教育，严格地反省、检讨自己的过错，宽厚地对待别人、包容别人、照应别人。这是讲到爱，顺便讲到有关教育的一点。

"恶"，恶的心理就是讨厌，有人个性生来就有讨厌的心理成分，所以随时自己要反省。"喂！老乡啊，这里有个东西，我们一起去看看。""你去吧，我讨厌。"会不会这样？讨厌是一种情绪。善恶的"恶"字读"饿"；厌恶、可恶这个"恶"字念"勿"，去声。

"欲"，刚才提过了，是属情的方面，生命一生下来就有。如果碰到好的教育家、好的老师，一望而知，可以看出孩子的性向应该走哪一条路，学什么比较好。

（选自《廿一世纪初的前言后语》
《南怀瑾讲演录：2004—2006》))

知性与意气

既然如《大学》所说人性的本来,本能自己具有自明其德,本自"至善",为什么在起心动念,变成人的行为时,又有善恶对立,作用完全不同呢?这个问题,从儒家的观点来说,是因为人性的变易,主要是受到后天环境的影响,也就是孔子所说的"性相近也,习相远也"。换言之,天生人性,本来是个个良善的,只是受后天的影响,受生理的、环境的种种影响,由习气的污染而变成善恶混浊的习惯。所以学问之道,便是要随时随处洗练自性所受污染的习气,使它重新返回到"明德""止于至善"的境界。

那么,怎样才能使自性返回到"止于至善"的境界呢?那只有利用自性本自具有的"能知之性"的功用,随时反省存察,了了明白,处理每一个起心动念,每一桩行为的善、恶,分别加以洗练,使它回归于纯净"明德"的本相。所以在言辞表达上,又把"性自明净"的知性作用,以逻辑的理念,叫它作"能知"。再把这个知性,用在起心动念,向外对人对事对物的分别作用上,叫它作"所知"。

例如,人自出生为婴儿,直到老死,饿了知道要吃,冷了知道要避寒取暖,看到好看的、美丽的想要据为己有,看到不好的、厌恶的想要赶快抛弃。那都是天然"知性"的"能知"的作用。不过,其中又有不同的分别。知道饱、暖、饥、寒、好、恶的,是由天然"能知之性"的感觉部分所反映而知的,所以也可以叫作"感知"或"感觉",佛学的名词,叫作"触受"。但知道这个好吃不好吃,这个可要不可要,这样能不能要,该不该要,那就属于"能知之性"生起"所知"的分别作用,这个作用,叫作"知觉"。知觉与思维、思想有密切关联,随时不可或分。当知觉的作用要仔细分别、追寻、分析、归纳、回忆、构想时,又叫作思想、思维等。

但无论"能知"或"所知",从《大学》这本书的名词来讲,都属于能自明其德的"明德"自性的起用。如果明了"明德"自性,它是本自"寂然不动,感而遂通"。那所谓"能知"与"所知",也只是"明德"起用的波动而已。摄用归体,"知性"也并无另一个自性的存在,譬如波澄浪静、水源清澈,原本就是"止于至善"。这样才是"知本",这样才是"知之至也"。

但是,对一般人而言,从有生命以来,始终是被"所知"的分别作用牵引波动,并无片刻安宁。从少到老,收集累积"所知"的"习气",便形成了"意",也可叫作"意识"。然后,又自分不清楚，认为"意"便是"知性"。其实，"意"是"知性"的"所知"累积而形成的。"知性"收集累积成"意"以后，譬如银幕上的演员与幕景，能够分别演出音容笑貌、悲欢离合等情节，如幻如真。事实上，这些情节变化，都是幕后的一盘磁带的播出而已。所谓磁带，就犹如"意"。银幕上的种种人物活动，犹如"所知"的种种投影。

如果用文学艺术来比方，例如李后主的词："剪不断，理还乱，是离愁，别是一般滋味在心头。"那想剪断它、理顺它的，是"所知"。剪也不断，理也不顺，似乎在心中去不了的，便是"意"的作用。又如苏东坡的词："十年生死两茫茫，不思量，自难忘。"自己并不想去思念它，但在心中，永远存在着、排遣不开的，这就是"意"。所以"意"的作用，又有一个别名，也叫作"念"，就是念念难忘的"念"。又有形容"意"具有强力的作用，便叫作"意志"。它配合生理的作用，就叫作"意气"了。人生多意气，大丈夫立身处世，意气如虹，那是多么美丽的豪语。"意气"加上思想、思维以后，起主观认定的作用，便又换了一个不同的名词，叫作"意见"。

说到"意气"，问题可大了！"意"是"能知""所知"接受外物环境等影响，在不知不觉中，渐渐形成为自我知性的坚固影像，也可叫它为形态。从逻辑的界别来说，它是唯心的，然而它在起作用时，必然同时关联生理内部的情绪，两者互相结合,所以叫作"意气"。一部几千年来的人类历史、人类社会,"乱烘烘,你方唱罢我登场,反认他乡是故乡",十之七八,都是人我"意气"所造成的错误。宋儒理学家陆象山说过两句名言:"小人之争在利害,士大夫之争在意见。"这的确是很有见地的观点。

  其实,我们平常做人处事,大部分的行为言语,都在"意气"用事,绝少在清明理智的"明德"知性之中。如果要做到事事合于理性,那是很难的。除非真能达到"大学之道"的基本修养,即所谓"定、静、安、虑、得"的学问功夫,不然,对于自己理性的真实面貌,根本就无法自知,所以老子便有"知人者智,自知者明"的感言。因此,曾子特别指出"知至而后意诚"的重点。但是因为用了一个"诚"字,又被后人误解不少,这真如禅宗洛浦禅师的话说:"一片白云横谷口,几多归鸟尽迷巢。"

(选自《原本大学微言》)

心、意、识三重境

一般通常的了解,所谓"意",就是心理的一种活动作用。换言之,"意"就是"心",只是在习惯上所用的名词有所不同而已。其实,"心"和"意",不就是同一的东西吗?如果含糊地说"心"和"意",好像就是一个东西,等于是思想和情绪的总和。但从严格辨别来讲,"意"是不能概括"心"的。所谓"心"的现量境界,是我们没有起意识思维,更没有动用知性的分别思量作用时,即没有睡眠,也没有昏昧的情况,好像无所事事,但又清清明明地存在,那便是"心"的现象。例如,明代苍雪大师的诗说:

南台静坐一炉香,终日凝然万虑亡。
不是息心除妄想,只缘无事可思量。

事实上,当我们心中无事,意识不起作用,当下忘却"所知"的分别活动,好像空空洞洞愣住一样时,这便是"心"

的现象。通常一般人，尤其是大忙人，偶然一刹那之间，也都会碰到这种情况。不过，一般人碰到这种情况时，反而会起恐怖，自己会怀疑自己脑子有问题，或是心脏停止活动，不免自寻烦恼，凭一知半解的医学常识，找医生、量血压、检查心电图，大多就因为自起恐慌而真的生病了。事实上，这起因是一种人我自己的心理病。如果在这种状况中，坦然而住，反而得大休息。不过平常没有经验，对自己没有认识、没有信心的，刹那即成过去，是不可能长久保持这种现量状况的。

如在睡眠，或受外界刺激，或因病痛发晕昏闷过去，那就不可能有这种现量境界的出现，甚至梦中也不可能。做梦，广东话叫发梦，那是"意识"所起反面的作用，不是"心"的作用。如在梦中，忽然心力特强，觉得是梦，一下便清醒了，那就是恢复"心"的境界。不过，平常人的习惯，从梦境中一醒来，便用"意识"去思量，以"所知"的习惯去追忆梦境，或以"所知"去寻求新知，永远不会停止休息的。

如果了解这样的粗浅分解，便可知道心、意、知性三者，的确都别有它们的不同领域。非常巧合的是，魏晋以后，佛学东来，也同样提到心、意、识这三层次的差别。这真是合了一句古语——贤者所见略同。

唯识学把心分成八个部分，眼、耳、鼻、舌、身的反应，即生理机能的各种反应，属于前五识的作用。我们常常拿水来比方，水波浪表面的那一层花纹，是前五识——眼、耳、鼻、舌、身；第六识，是透过脑所起的作用；第七识，就不是脑了，心的第七个部分，称末那识，包括身心内外全部。譬如我们人站立时，所放射的光与放射的气，内外与知觉、感觉都有关的，大概是两手伸开那么一圈，头顶也是一样。所以古代画神像、菩萨像，头上有圆光，现在科学可以证明人体都会放光，万物都在放光。在人体感受的知觉内外范围，属于心的第七部分。超过这个范围，而与宇宙物理世界、精神世界合一的那个功能，则不完全在这个身上，但也与身体有关系的，在唯识学方面讲有一个代号、名称，叫作阿赖耶识，含藏识。

总之，再用一个比喻来说，"心"好像一个盘子，"意"好像盘子里一颗圆珠。"知性"好像盘子和珠子放射的光芒，内照自身，外照外物。但这整盘，又装在一个血肉所制造的皮袋里，那就是人身。但要知道，这只是勉强的比喻而已，并非事实的真相。

在中国小说中，古人早有很有趣味的比喻，那就是《西游记》的四五个人物。作者把心身意识演化成小说：将心猿意马，化出代表"心"的孙猴子；代表"意气"的是一匹龙马；猪八戒代表了人的大欲，特别喜欢男女饮食；一个晦气色的沙僧，代表没有主见的情绪，只能挑着行李，担起这个皮囊跟着猴子、猪八戒跑；那代表整个完整的心身生命的，便是唐僧。从表面看来，他是世界上最老实的笨人、善人、好人，虽然一路上他所遭遇到的，处处是艰难险阻，都是妖魔鬼怪，而在这三四个鬼精灵伴随下，走完一段人生的道路，但由于他的"诚意、正心、修身"，所以他成功了！

知道了心、意和知性的三层次作用，还是属于"明德"的"内明"范畴。这心、意、知性必须凭借外物的人身，才能对这个物理的现实世界产生作用。我们一般把人生生命的整体叫作身心，那是很确切的说法。这个生命是由身心组合而成的。身体是生理的、物理的，是生生不已，是"生"的功能所呈现的；心是心理的、精神的，也是生生不已，绵延续绝，形成"命"的功能。如果引用《易经》的说法，心性属阳，身体属阴，阳中有阴，阴中有阳，交互变化，呈现出生命的作用。

因此，我们需要知道，人生的一切作为，还要看每一个人所禀受生理的情况而形成"外用"行为的结果。很明显可知的，当一个人"知性"在理智上明知道不可这样做，但是自身另有一个力量强过了理性时，结果就非做不可。或者说，自己在"知性"的理智上认为应该做，而且是一桩好事，但是自身却另有一个厌倦疲懒的力量，使自己始终没有去做，最后又悲叹懊悔、自怨自艾、无可奈何！这就说明人生的一切，以及行为的善恶是非，有一半是属于人身生理所影响的结果。

（选自《原本大学微言》《列子臆说》）

人心与道心

《孟子》最后一章《尽心》,是孟子整个学术思想的中心,也就是后世所谓的孔孟心传,是构成中国文化的中心思想之一。这一贯的中心思想,绝对是中国的,是远从五千年前,一直流传到现在的,没有丝毫外来的学说思想成分。所以后世特别提出,中国的圣人之道就是"内圣外王"之道的心传。历史上有根据的记载,是在《尚书·大禹谟》上,其中有帝舜传给大禹的十六个字:"人心惟危,道心惟微,惟精惟一,允执厥中。"在一两千年之后,到了唐宋的阶段,就有所谓的"传心法要"。这是佛学进入中国之前的一千多年,儒道两家还没有分开时的思想。当时圣人之所以为圣人,就是因为得道;那时所谓道的中心,就是"心法"。

这十六字的心传,含义非常广泛。我国的文字,在古代非常简练,一个字一个音就是一个句子,代表了一个观念。外国文字,则往往用好几个音拼成一个字或一个词句,表达一个观念。这只是语言、文字的表达方式不同,而不是好坏优劣的差异。

"人心惟危"的"惟"字,在这里是一个介词,它的作用,只是把"人心"与"危"两个词连接起来,而本身这个"惟"字,并不含其他意义。例如我们平时说话,"青的嗯……山脉",这个拖长的"嗯……"并不具意义。至于下面的"危"字,是"危险"的意思,也有"正"的意思,如常说的"正襟危坐"的"危",意思就是端正。而危险与端正,看起来好像相反,其实是一样的,端端正正地站在高处,是相当危险的。

"人心惟危",就是说人的心思变化多端,往往恶念多于善念,非常可怕。那么如何把恶念变成善念,把邪念转成正念,把坏的念头转成好的念头呢?怎么样使"人心"变成"道心"呢?这一步学问的功夫是很微妙的,一般人很难自我反省观察清楚。如果能够观察清楚,就是圣贤学问之道,也就是真正够得上人之所以为人之道。所以道家称这种人为真人,《庄子》里经常用到"真人"这个名词。换言之,未得道的人,只是一个人的空架子而已。

人心转过来就是"道心"。"道心"又是什么样子呢?"道心惟微",微妙得很,看不见,摸不着,无形象,在在处处都是。舜传给大禹修养道心的方法,就是"惟精惟一",只有专精。舜所说的这个心法,一直流传下来,但并不像现在人说的要打坐,或佛家说修戒、定、慧,以及道家说炼气、炼丹修道那个样子。

什么叫作"惟精惟一"？发挥起来就够多了。古人为了解释这几个字，就有十几万字的一本著作。简单说来，就是专一，也就是佛家所说的"制心一处，无事不办"或"一心不乱"，乃至所说的戒、定、慧。这些都是专一，也都是修养的基本功夫。后来道家常用"精""一"两个字，不带宗教的色彩。"精""一"就是修道的境界，把自己的思想、情感这种"人心"，转化为"道心"；达到了精一的极点时，就可以体会到"道心"是什么，也就是天人合一之道。而这个"天"，是指形而上的本体与形而下的万有本能。

得了道以后，不能没有"用"。倘使得了道，只是两腿一盘，坐在那里打坐，纹风不动，那就是"惟坐惟腿"了。所以得道以后，还要起用，能够做人做事，而在做人做事上，就要"允执厥中"，取其中道。怎么样才算是"中道"呢？就是不着空不着有。

中国流传的道统文化，就是这十六字心传，尧传给舜，舜传给禹。后世所说的，尧、舜、禹、汤、文、武、周公、孔子，一直到孔子的学生曾子、孔子的孙子子思，再到孟子，都是走这个道统的路线。以后讲思想学说，也都是这一方面。但不要忘记，这个道统路线，与世界其他各国民族文化是不同的。中国道统，是人道与形而上的天道合一，叫作天人合一，是入世与出世的合一、政教的合一，不能分开。出世是内圣之道，入世是外用，能正心、诚意、修身、齐家、治国、平天下，有具体的事功贡献于社会人类，这就是圣人之用。所以上古的圣人伏羲、神农、黄帝，都是我们中华民族的共祖，他们一路下来，走的都是"内圣外王"之道。

（选自《孟子与尽心篇》）

第二章
凡人的心病

心病难医

中医出在传统文化的道家，同《易经》《老子》《庄子》有密切的关联。不管西医、中医，都只是医身体的。心是个什么东西？思想情绪这个心很难医。

我在美国的时候，看到一个日本人画的中国画，非常好。画的是中国大医师唐朝的孙思邈；他是神医，学佛学道，我们后世的《续仙传》上说他是神仙。我得到孙思邈这幅画，很有感想，就写了一副对联，上联是"有药能医龙虎病"，龙王生病向他求医，老虎生病也向他求医。这是历史上医案里的故事，现在的人听了不会相信，信不信反正是古人说的，但我是相信的。所以我第一句话是恭维他，"有药能医龙虎病"。下联是"无方可治众生痴"，世界上哪个医生可以把笨蛋的头脑医得聪明起来？

所以我说老庄讲的内容，就是医药。所有思想病、政治病、经济病，各种病，在《庄子》里头提得非常多了，只看大家如何去研究。释迦牟尼佛的佛法，老庄以及《易经》都是治心的药,也是治心的方法。一般医生能够治身体的病,却不能治心。

譬如佛学里头讲,我们这个世界,叫"娑婆世界"。大概年轻同学喜欢研究佛学的都知道,"娑婆"两个字不念"沙婆"啊,念"梭婆"。从梵文翻译过来就是"堪忍"两个字。中文古代的翻译,是能够忍受的意思。这是讲什么呢?是说我们活在这个世界上,一切都在痛苦中;但是众生不知道,都习惯地把痛苦当成快乐。释迦牟尼佛赞叹世界上的人类众生忍受痛苦的功力很强,所以叫堪忍。

但是一般佛经不喜欢用这两个字,认为意义不能概括梵文的娑婆痛苦世界。有位科学家跟我提到他所领悟的,譬如佛家讲的六道轮回(天、人、阿修罗、地狱、饿鬼、畜生),他认为一切都在人间,凭我们身心的感受,就可以了解六道轮回。这是非常准确的观念,也就是禅宗大师的观念,他一下就悟出来了。

其实我们身体上每天的感觉也在六道中。发高烧的时候,那真是火热的地狱;发冷的时候就是冰冻地狱的日子。我在台湾时,曾介绍一个病人去一个最大的精神病院,因为这个主治医师是我的好朋友。他说:"对不起,我要把病人关起来,坐牢一样把两个手铐起来。"我跟主治医师站在那里,两三百个精神病人，有些看到我笑，有些骂，有些跟我打招呼，各种各样。我说此时此地，不晓得谁是正常人谁是病人。

这个主治医师说："完全对。他们有些讲的话非常有道理，好像我们没有道理，把他锁起来、关起来都不对。"我说："老兄，我看你也差不多了。"那个主治医师，从美国留学回来，是精神病权威。他说："南老师，一点也没有错，假使我有这一天，你要救救我。"我说："我都自救不了啊，哪里能救你！"

他说在美国留学的时候，分到精神科，同学们在下面一边听课一边笑。我们这些外国同学，就问："他讲得都很对啊，我们要看现象，哪一个是病人啊？"美国同学说："在台上讲话的那个就是。"可是这句话讲过了，我这个朋友主治医师不到五六年，自己真进了精神病院。

所以我告诉大家，真的能治心病的是佛家、道家、老庄，这是中国文化最高的。《庄子》其实是医学，医心病的；尤其学做人做事，可以说比孔子的《论语》还厉害。道家的思想认为，要真救这个有形的生命，只有三种药，"上药三品，神与气精"。这是唯物的哦！精、气、神三样都是唯物的，但是它的根本是唯心的，这个里头问题都很大。

（选自《小言黄帝内经与生命科学》）

心里的内耗

与接为构,日以心斗。缦者,窖者,密者。

这是庄子形容人的心理状况,它说普通一个人,不懂神气相交的道理,所以睡醒后,一接触到外界的环境"为构",就整天用心思,钩心斗角。"日以心斗",一天到晚,自己的心里在斗争,自己跟自己过不去。斗到什么程度呢?庄子形容得很妙,形容人都在欺骗自己。"缦者",好像把东西密封起来,外表涂上油漆,自己欺骗自己。自己坐在那里越想越得意,我准备今天到股票市场,买它一千块钱,三天以后涨成三万,自己坐在那里胡思乱想。"窖者",赚了钱怎么办?哎呀!放在银行靠不住,还是放在某一个公司,四分利息。嘿!靠不住,还是放在保险柜……心中不停地在打主意。"密者",有时候自己想得笑一笑,你问他笑什么。哎……没有什么。他在那里保密。缦、窖、密者,庄子一句话"日以心斗",自己在那里捣鬼,心里闹斗争。

小恐惴惴，大恐缦缦。其发若机栝，其司是非之谓也；其留如诅盟，其守胜之谓也；其杀若秋冬，以言其日消也；其溺之所为之，不可使复之也；其厌也如缄，以言其老洫也；近死之心，莫使复阳也。

"小恐惴惴，大恐缦缦。"人生一天到晚有一个恐惧、害怕的境界。佛学上也用过"恐怖"这个名词，《心经》上面提的就是这个东西。一个人活着，每天在恐怖中，恐怖自己的钱掉了，恐怖自己生病了，恐怖自己没有事情做，恐怖没饭吃了，一天到晚伤脑筋。庄子这么一形容，活着没有一天是痛快的。

"其发若机栝，其司是非之谓也"，开始一念之间一动的时候，像手指按开关一样。这个开关，在某一个小问题上稍稍一动，就引起了大烦恼，接着就变成了一大堆的是非利害。如果开关不向外呢？"其留如诅盟，其守胜之谓也"，留在里头的如"诅盟"，自己在那里捣鬼，心里自己在骂架、打架、打官司。

"守胜之谓也"，守胜是个什么呢？道家解释为"厌胜"。譬如今天运气不好，到民权东路恩主公关帝庙去，买两根香蕉几根香几个馒头，去拜拜，也属于厌胜。或者叫人画一道符放在家里，或者去哪个地方点个灯呀！乡下庙子里很多。乡下人到成都路那个城隍庙，经常搞这个事，包一包香灰回去，那都叫厌胜。厌胜的道理是要求把坏的一面去掉，一天到晚总想人生得到真正的胜利，想达到成功的目的。

"其杀若秋冬，以言其日消也"，人的一生就在这个心理状况中过日子，好可怜啊！不晓得这种情况都是自杀的玩意，促成自己早死，像秋天冬天一样，万物凋零得很快。我们的生命本来是很长的，为什么凋谢得像秋天的落叶那么快？像冬天一样千山鸟飞绝，万径人踪灭！就是因为自己内斗而造成生命消耗。等到生命消耗得差不多时，人也老了。

"其溺之所为之，不可使复之也"，消耗掉的，及失去的东西，不可能再恢复。"其厌也如缄，以言其老洫也"，魂魄精神都没有了，所以对这个世界万事都很讨厌，灰心到了极点，嘴巴也封起来了，问他什么都懒得回答，摇摇头，没有兴趣了。

"近死之心，莫使复阳也。"快要死的那个心，一点阳气都没有。这一段，庄子形容人如何消耗自己的神与气，到达了那可怜的境界。

喜怒哀乐，虑叹变慹，姚佚启态；乐出虚，蒸成菌。

《礼记》上提到的是七情六欲，七情就是喜、怒、哀、乐、爱、恶、欲；六欲则是后世所加的，但是《中庸》与《庄子》，只有前四个字，后面三个没有，因为爱、恶、欲这三个所包括的，纯粹属于心态。这也就说明了喜、怒、哀、乐属于情态的范围，是情绪的作用。

什么又叫情绪呢？情绪有许多是生理影响的，换句话说，就是气的作用。譬如：喜，很高兴；怒，发脾气；哀，心里难过的时候，看什么都想掉眼泪，很悲伤；乐，高兴起来时，快乐得很。这四种状况，不是理智所能控制的。虽然我们认为不要轻易发脾气，也不要傻乎乎地笑，但是自己情绪的变化，连带产生的关系和气的作用，理性是禁止不了的，因为它是自然发出来的。

《庄子》这里的喜怒哀乐是讲情态，这四个典型，我们每天经常都会表现出来的。"虑"是思虑、思想；"叹"是思想引起的感慨，由感叹发出声音来，所以由虑而到叹；再由心理的变化进而到了"慹"，就是佛学所讲的执着，抓得很紧。由于内在的执着，而表现于外的形态，就是"姚佚启态"。"姚"就是放任，也就是我们现在讲的浪漫、开放、随便；"佚"就是懒惰；"启态"就是变成生活的各种形态。

"喜怒哀乐，虑叹变慹，姚佚启态"，这十二个字，描写人的姿态。如果一个很好的艺术家，就可以画几十幅画面，由心态及情绪的变化,表达到外面各式形态。脸上的喜怒哀乐,身体四肢的动作,各个不同。这种由心理变化而形成为生理身体活动状况之间,有一个东西,只有六个字"乐出虚,蒸成菌"。

有时看庄子的文章,虽说汪洋惝恍,气势如银瓶泻水,很难抓住它的中心,但实际上,它的逻辑非常严谨。"近死之心,莫使复阳也"下面,接着又起个高潮,描写心态与生活状态。他说出一个原理——"乐出虚,蒸成菌",两个相反的作用。乐出虚的"乐"字,后世读法有两种,可以读成"乐(音岳)",音乐的乐;可以读成"乐(音勒)",快乐的乐。庄子前面描写大风起来,碰到物理的现象,这里一个洞,那里一个凹,就发出来呜……嘘……各种声音。音乐的声音,也需要个乐器才能发出来,乐器是空的,也就是虚的。尤其我们吹箫吹笛子,弹琴奏乐的时候,心灵也要很清虚空灵,没有杂念,然后才能发出优美的音乐声。这就是乐出虚的道理,是一种观念。历代解释庄子的,大部分是从这一方面来解释的。

道家的解释则不同,认为是乐(音勒)出虚,一个人心里太高兴的时候,气散了虚了;高兴到极点,或悲哀到极点,都可以造成人的死亡。这两种说法都成立,重点在于不管是乐(音岳)出虚,或者是乐(音勒)出虚,只要人的心理同生理作用，向外发展得越厉害，就越空虚。尤其是高兴，越高兴气越虚，心境也越虚；如果向内收缩，闷在里头，则"蒸成菌"。一阵大雨过后，在阴暗潮湿的地方，香菇细菌最容易生长。譬如我们大家喜欢吃白木耳，培养白木耳的地方，必须闷得又热又湿，一天到晚都是潮湿不透风，才能培养成功，这就是蒸成菌的道理。

这两句话，为什么夹在情态同心态的变化中间呢？因为心理的作用，使生理产生了变化。我们郁闷的心境久了以后，生理上容易产生许多的病。这两句话，道家很重视，认为是修道的要点，所以修道的人要念头清净，要空，就是因为乐出虚之故。这个空的情境，使人容易进入那个清虚的状况，容易接近形而上道。如果一天到晚有所为，有一个东西在心中转来转去，慢慢地真会变成一个东西。"乐出虚"这一句话，是讲由"有"变成"空"，也就是心能转物的说明。"蒸成菌"这一句话，是以物理的状况说明，由"空"可以产生"有"。

（选自《庄子諵譁》）

忘记多好啊

宋阳里华子中年病忘，朝取而夕忘，夕与而朝忘；在途则忘行，在室则忘坐；今不识先，后不识今。阖室毒之。谒史而卜之，弗占；谒巫而祷之，弗禁；谒医而攻之，弗已。鲁有儒生自媒能治之，华子之妻子以居产之半请其方。儒生曰："此固非卦兆之所占，非祈请之所祷，非药石之所攻。吾试化其心，变其虑，庶几其瘳乎！"于是试露之，而求衣；饥之，而求食；幽之，而求明。儒生欣然告其子曰："疾可已也。然吾之方密传世，不以告人。试屏左右，独与居室七日。"从之，莫知其所施为也，而积年之疾一朝都除。

春秋时宋国阳里这个地方，有个人名叫华子，他中年得了一个易忘的病，中医叫作健忘症。白天把东西放在哪里，到晚上就忘记了；晚上给他说的事，第二天早晨就忘记了。我发现我的学生里，青年人有这个毛病的特别多，我还正想配一种药去医这个病，不过读了《列子》以后，我就不配了。

这人走路时忘记要到哪里去，本来想去休息休息坐一坐，到了房间一站，忘记自己进来干什么。今天想不起昨天的事，明天更忘了今天的事。

所以家里的人痛苦得很，"阖室毒之"，古人这个"毒"字，是说家里的人都受不了。"谒史而卜之，弗占"，所以就叫史官来卜卦，卦上也卜不出来究竟是什么病。没有办法，"谒巫而祷之，弗禁"，再找个巫师祷告，画一张符，上面还挂个菖蒲啊，挂个红带子啊，还拿大刀，搞了半天，没有用，病医不好。最后只好找医生了，医生给他吃药，"谒医而攻之，弗已"，还是医不好。

"鲁有儒生自媒能治之"，这个同现代心理学有关了。春秋战国时，鲁国的文化最鼎盛，有个读书人自我介绍，说：这个病只有我们学问好的读书人才懂，我有办法把他治好。听说有人能够治好这个病，华子的太太高兴得很，就与这个儒生签约，"以居产之半请其方"——只要把我丈夫的病治好，财产分一半给你。这个太太也很慷慨。

"此固非卦兆之所占"，儒生说：这个病你去卜卦没有用。"卦兆"是讲卜卦，兆就是兆头，这个"兆"字是象形字，两条线，两个须须，就是象征的意思。"非祈请之所祷"，他说：祷告也没有用，你也不要去祷告了。"非药石之所攻"，吃药也没有用。他说：我用心理治疗，"吾试化其心，变其虑"，我设法改变他的思虑。这同现代心理治疗很有关系，"庶几其瘳乎"，这样他就可以好了。

"于是试露之，而求衣；饥之，而求食；幽之，而求明。"这个里头妙啊！明明是个心理治疗，他还有密法。这个书生就把华子找来，把他的衣服脱光，冬天冻得不得了，他就要衣服穿了，没有忘记衣服；把他饿一段时间，他晓得要饭吃了；把他关在黑暗的地方，什么都看不见，他晓得要开灯了。就这样慢慢一点点恢复。这个测验下来，证明这个读书人很科学、有办法，华子有救了。儒生就给华子的儿子讲："这个病可以好，他还有反应。但是我的方法是密法，不能随便传人的。"他要求把所有的人都遣走，自己跟华子一起关在房间，闭关七天，也不要药，究竟做些什么事不知道。这个妙了，死马当成活马医，两个人闭关，不晓得他在闭关时对这个病人如何治疗。闭关七天到了，好多年医不好的病，就完全好了。

华子既悟，乃大怒，黜妻罚子，操戈逐儒生。宋人执而问其以。华子曰："曩吾忘也，荡荡然不觉天地之有无，今顿识既往，数十年来存亡得失，哀乐好恶，扰扰万绪起矣。吾恐将来之存亡得失，哀乐好恶之乱吾心如此也，须臾之忘，可复得乎？"子贡闻而怪之，以告孔子。孔子曰："此非汝所及乎！"顾谓颜回纪之。

这个病人华子，健忘症好了，什么都知道了。这一下他气极了，大怒，跟老婆办离婚：你为什么找人来把我的病治好？把儿子也赶了出去，都不要了。然后拿刀要杀这个读书人。宋国有人把他抓住问他：病好了，为什么发疯？你为什么这样？

"曩吾忘也"，他讲一个道理，就是：病没好以前，什么都忘掉了，你们说我像白痴一样"荡荡然"，我才舒服呢！无人无我，"不觉天地之有无"，也不晓得天地之间有啊，无啊，上帝哪一天开始啊，几天要休息啊，都不相干。

他说：好了，我现在醒了，"今顿识既往"。他是中年生病，他说：以往数十年的事都记起来了，哪个人对得起我，哪个人对不起我，谁还欠我三百块，有一次考试没有考好，后来又补习，想起来都伤心，现在统统都记起来了。他说这一下好了，痛苦快乐，好的坏的都知道了。哎呀！这个脑子都要爆炸了。你们觉得把我的病治好了，你们是害我受苦啊！我怕将来年龄越大，"存亡得失，哀乐好恶"的情形越多，"扰扰万绪起矣"，把我的心都搞乱了。我现在想恢复那个忘记，一下子做不到啊！我现在太清醒了，好痛苦啊！

这个人生，你看我们大家都生了病，生的是清醒病。究竟忘记、空了是病，还是清醒是病？谁能够下一个结论？都没有定论。

　　这一件事情把梦跟醒的道理讲清楚了，这是人生的境界。所以讲起修道，庄子讲"坐忘"，你们打坐修道，道家也好，佛家也好，你打起坐来，一般都在那里搞气脉，做功夫；每天说我念了多少佛啊，好像跟我来算账一样，念多一点，一副我得煮个鸡蛋给他吃那个样子。你连身体都忘不掉，还能够入定吗？所以庄子讲这些打坐的不是打坐，叫作"坐驰"，外表是坐着不动，心里不停地乱跑。因此庄子说修道必须达到"坐忘"，连忘也要忘掉，就是佛家讲空，连空也要空掉，这样学佛修道才相应。

（选自《列子臆说》）

宠辱谁能不动心

人生宠辱境界的根本症结,都因为我有身。宠,是得意的总表相。辱,是失意的总代号。当一个人在成名、成功的时候,如非平素具有淡泊名利的真修养,一旦得意,便会欣喜若狂,喜极而泣,自然会有惊震心态,甚之,有所谓得意忘形者。

例如,在前清的考试时代,民间相传一则笑话,便是很好的说明。有一个老童生,每次考试不中,但年纪已经步入中年了。这一次正好与儿子同科应考。到了放榜的一天,儿子看榜回来,知道两人都已经录取,赶快回家报喜。他的父亲正好关在房里洗澡。儿子敲门大叫说:爸爸,我已考取第几名了!老子在房里一听,便大声呵斥说:考取一个秀才,算得了什么,这样沉不住气,大呼小叫!儿子一听,吓得不敢大叫,便轻轻地说:爸爸,你也是第几名考取了!老子一听,便打开房门,一冲而出,大声呵斥说:你为什么不先说?他忘了自己光着身子,连衣裤都还没穿上呢!这便是"宠为下,得之若惊,失之若惊"的一个写照。

"受宠若惊",大家都有很多的经验,只是大小经历太多了,好像便成为自然的现象。相反的一面,便是失意若惊。在若干年前,我住的一条街巷里,隔邻有一家,便是一个主管官员,逢年过节,大有门庭若市之慨。有一年秋天,听说这家的主人,因事免职了,刚好接他位子的后任,便住在斜对门。到了中秋的时候,进出这条巷子送礼的人,照旧很多。有一天,前任主官的一个最小的孩子,站在门口玩耍,正好看到那些平时送礼来家的熟人,手提着东西,走向斜对门那边去了。孩子天真无邪的好心,大声叫着说:某伯伯,我们住在这里,你走错了!弄得客人好尴尬,只有向着孩子苦笑,招招手而已。有人看了很寒心,特来向我们说故事,感叹"人情冷暖,世态炎凉"。我说,这是古今中外一例的世间相,何足为奇。

我们幼年的课外读物《昔时贤文》便有:"有酒有肉皆兄弟,急难何曾见一人?""贫居闹市无人问,富在深山有远亲。"不正是成年以后,勘破世俗常态的预告吗?在一般人来说,那是势利。其实,人与人的交往,人际事物的交流,势利是其常态。纯粹只讲道义,不顾势利,是非常的变态。物以稀为贵,此所以道义的绝对可贵了。

势利之交,古人有一特称,叫作"市道"之交。市道,等于商场上的生意买卖，只看是否有利可图而已。在战国的时候，赵国的名将廉颇，便有过"一贵一贱，交情乃见"的历史经验。如《史记》所载：

廉颇之免长平归也，失势之时，故客尽去。及复用为将，客又复至。廉颇曰："客退矣！"客曰："吁！君何见之晚也？夫天下以市道交。君有势，我则从君。君无势，则去。此固其理也，有何怨乎！"

廉颇平常所豢养的宾客们的对话，一点都没有错。天下人与你廉大将军的交往，本来就都为利害关系而来的。你有权势，而且也养得起我们，我们就都来追随你。你一失势，当然就望望然而他去了。这是世态的当然道理，"君何见之晚也"，你怎么到现在才知道，那未免太迟了一点吧！

有关人生的得意与失意，荣宠与羞辱之间的感受，古今中外，在官场，在商场，在情场，都如剧场一样，是看得最明显的地方。以男女的情场而言，众所周知，唐明皇最先宠爱的梅妃，后来冷落在长门永巷之中，要想再见一面都不可能。世间多少的痴男怨女，因此一结而不能解脱，于是构成了无数哀艳恋情的文学作品！因此宋代诗人便有"羡他村落无盐女，不宠无惊过一生"的故作解脱语！无盐是指齐宣王的丑妃无盐君,历来都把她用作丑陋妇女的代名词。

其实,无盐也好,西施也好,不经绚烂,哪里知道平淡的可贵?不经过荣耀,又哪里知道平凡的可爱?这两句名诗,当然是出在久历风波、遍尝荣华而归于平淡以后的感言。从文字的艺术看来,的确很美。但从人生的实际经验来讲,谁又肯"知足常乐"而甘于淡泊呢!其次,在人际关系上,不因荣辱而保持道义的,诸葛亮曾有一则名言,可为人们学习修养的最好座右铭,如云:

势利之交,难以经远。士之相知,温不增华,寒不改叶,贯四时而不衰,历夷险而益固。

(选自《老子他说》)

悭贪之心

我们人的生命来源，讲起来很深奥，简单现实来讲，是每个人自己个性与行为带来的。佛告诉我们，任何一个人带来的个性都有六个要点：贪、嗔、痴、慢、疑、恶见。任何一个生命，不管多么伟大、有学问的人，都有这六个特点。

贪，人有贪心，当母亲怀孕的时候，你这个灵魂一入胎，已经有贪心了，在娘胎里，吸收了母亲的营养变成自己的，要母亲提供一切东西让自己成长，这是基本的贪心。一个婴儿生来，你不给他吃，不给他奶喝，他会哭的，贪嘛，占有心，都要抓来给自己，因为天生有个"我"。这个"我"的毛病就包括了贪、嗔、痴、慢、疑、恶见的成分在内。佛说了这个大原则，这就是人自己心里头坏的一面。

太虚大师注解《药师经》说："复次，曼殊室利，若诸有情，悭贪嫉妒，自赞毁他，当堕三恶趣中，无量千岁，受诸剧苦。""复次"，以现代白话文解释就是再说，现在再告诉你。我们看佛经，大家往往都会被它的宗教气氛、宗教形式所覆蔽，实际上它与中国文化儒家的孔孟之道，讲做人做事的"行"是完全合一的。不过，在一致中又有所不同，孔孟之道是告诉我们做人做事的大原则；佛家讲做人做事是从检查自己的起心动念开始的，从内心开始修正，所以叫修行，也叫修心。乃至慢慢观察自心，起心动念是否纯善，到了完全没有恶念还不算数，乃至恶念空，善念也空，恢复到本来非善非恶、无我无心，本无所住而生其心，这个毕竟的清净，才是正路。

现在佛告诉我们这个世界上的众生基本心理上的坏习性。佛再次告诉文殊菩萨说"若诸有情"，世界上一切有灵知、有思想、有感情的众生称为有情。"悭贪嫉妒"是四个心理习性。悭吝表现出来的行为与节俭差不多，但有所不同。例如以儒家道理来说，我们对朋友、亲戚、父母、兄弟、子女等人，乃至对社会上其他不相干的人，舍不得帮助，就是悭吝，而不是节俭；对自己要求非常节俭、舍不得，则是节俭，不是悭吝。吝是一个人对任何东西都舍不得，抓得很紧，这还属于比较浅的一层；再深一层就是悭了，内心非常坚固的吝是悭。

内心悭吝是怎么来的？要仔细反省，尤其大家学佛学禅，处处要观心，观察自己做人做事的起心动念，悭吝是从自我来的，因为一切都是我第一。比方我原来坐在一个凉快的地方,来了一个胖子,天气热得不得了,想在边上坐一坐凉快凉快,我故意不动,甚至把屁股移过去多占一点位置。连这一点凉爽的风都不愿意让给别人,不让人家占一点利益,这是悭吝,自我在作祟。

记得大概是三十年前,不是现在这种社会状况,有一个朋友问我是不是在学佛。大家都说我学佛,我说没有,因为我没有资格学佛,学佛谈何容易。后来他问我什么是菩萨。我告诉他,当他饿了三天,而只得到仅有的一碗饭时,看到别人也没有饭吃,可以把这碗饭给别人吃,自己饿肚子,这是菩萨道。我做不到,所以我不能算是学佛的人。之后他又问我菩萨在哪里,是不是在庙子上。我说菩萨在人世间,很多不信仰宗教的人,不论佛教、天主教、基督教,甚至什么教都不信,但他们的行为却是菩萨道。

贪,凡是悭吝的人必定贪,贪与悭吝是在一起的。譬如我们说某人一毛不拔,下一句一定说:"攒了很多钱。"这是必然的,舍不得嘛!悭贪,所累积的钱财就多了;慷慨好义的人大多没钱,除非有特殊情况。所以中国人有一句古话说:"慈不掌兵,义不掌财。"心肠慈悲的人不带兵,慷慨好义的人不做生意。有些同学出去做生意,我以八个字吩咐他们,这是赚钱的原则:"爱钱如命,立地如钉。"站在那里守着摊位像钉子钉在地上一样,连吃饭都不重要,可以忍一忍,赚钱要紧,这样才能发财。以佛法来讲,这个基本道理就是以悭贪为主。

其实,我们整天在这里打坐、念经,求佛、求福报、求智慧,不也是悭贪吗?绝对的悭贪。有时别人请你帮个忙,"等一下,我要上座盘腿,我功夫还没有做完",人死了都不管。因为你贪图成道,以为这样就可以成佛,成鬼啊!成什么佛?真正学佛在哪里学?不在于你那些形式主义,也不在于你摆出一副俨然学佛修道的样子。坐在那里佝腰偻背,好像老僧入定,实际上是在贪图享受,自私自利,万事不管,哄骗人家。哎呀,我在打坐用功!全是悭贪的心理。这方面的恶业是与生俱来的,修行就要在这些根本的地方下功夫,把自心悭贪的根去掉。

(选自《廿一世纪初的前言后语》《药师经的济世观》)

嗔恨之心

嗔心嗔念，大家以为自己都没有。脾气大，当然是嗔念，恨人、杀人、怨天尤人，都是嗔，是非分明也是嗔。或者你说什么都不会生气，就是爱干净，看到不干净就受不了，也是嗔，一念的嗔就是厌恶。

佛经说："一念嗔心起，百万障门开。"人发了脾气，起嗔心，就有障碍了。又说："嗔是心中火，能烧功德林。"怨天怨地，愤世嫉俗，对任何人都不满，对环境也不满，种种埋怨都是嗔念。有很多人学佛，佛经读得很熟，佛学也讲得很好，文章也写得很好，样样都会，但是事情来了就不行了，结果是在那里自欺欺人。贪、嗔、痴当中，嗔是最大的无明。

小说《济公传》中写到，济癫和尚有天喝醉了，半夜里起来就大叫："哎哟，不得了，无明发啰！"把大家都吵醒了，众和尚要追打他，他就跑，结果回头一看，庙子失火烧光了。原来他是要告诉大家火要来了，又不好明讲。火就是嗔心，嗔心就是无明。

佛法要我们去除贪、嗔、痴、邪见来修，我们反而是以贪欲、嗔恚、邪见来修菩萨道。简单的例子，我们在佛堂念佛，如果有人的衣着在我们看起来不如法的话，就会一面念佛一面瞪他一眼，嗔恚心就来了，因为我们认为这样才对，他那样就不对。纵然在弘法在利生，心中贪嗔痴等烦恼一点没有动摇。大的例子也有，有些人发菩萨心发得过头，看到朋友或家人不信佛，气得睡不着觉，讲人家会下地狱，那个态度就是嗔恚心。如果拿宗教情绪来看，会觉得他是好的佛教徒，但是在我看来，他很可怜。你学你的佛，别人做他的人，各有各的路，你学佛究竟对了没有，别人做人究竟错了没有，都是问题，不要用一个尺码来看全世界所有的人。老实说，朋友或家人，可能就是看了你这神神经经的样子才不信佛的。这就叫作"无慧方便"，所以把自己束缚起来了。也是行菩萨道，因为自己没有智慧方便，因为以贪欲、嗔恚、邪见等（包括各种心理状态，包括《百法明门论》各种心所而起的烦恼）来"植众德本"，虽然是做好事，但还是有所夹带。应该以无所求、无所愿、无所得的心情来做好事，才是真正的菩萨在"植众德本"。

如何调伏嗔心呢？《维摩诘经》上说："以忍调行，摄诸恚怒。"以最高的忍辱修养，调伏自己的心理和行为；忍辱而没有嗔恨心。轻微的怒是恚，再重的就是发怒，真正重的就是嗔，也就是恨心了。

要想修行成就，"忍"是最难做到的，就像打坐修定，为什么定不住啊？两条腿痛，你就忍不住了，这个忍就是忍辱里的一忍啊！当然硬忍是很难，但是你明明知道此身两腿两手，四大皆空，那个时候你就是空不了，忍不过去。所以这六度的一关忍辱度，你就过不了，过不了的话，这一切皆是空谈。

所以忍辱的道理，放在《金刚经》的中心，大家要特别特别注意！佛把自己本身修持的经验告诉我们，做个榜样。所以佛说，真正有智慧彻底悟道的人，才晓得忍辱波罗蜜本身没个忍。如果有坚忍的念和感受在那里，就已经不是波罗蜜，就已经没有到彼岸，也没有成就。

何以故。须菩提。如我昔为歌利王割截身体。我于尔时。无我相。无人相。无众生相。无寿者相。

什么理由呢？佛又对须菩提说，以他本身做榜样，像他从前的时候，曾经被歌利王割截身体。歌利王是过去印度的一位名王，非常残暴。那个时候，释迦牟尼是个修道的人，相当有成就，到达菩萨地了；虽然是缘觉身，无佛出世自己也会悟道，后来歌利王因闹意见要杀释迦。他说：你既然是修道的人，我要杀你，你会不会嗔恨？释迦佛说：此心绝对清净，假使我起一念嗔心，你把我四肢分解割掉后，我就不能复原。结果歌利王一截一截地把他割了。释迦牟尼没有喊一声哎哟，心里头也没有起一念恨他的心理，只有一念慈悲心。完了以后，歌利王要求证明，释迦牟尼说，假使一个菩萨的慈悲心是真的话，他的身体就马上复原，结果他立刻复原了，又活起来。

  佛把自己本身的故事，说给我们修行的人做榜样；当然，并不希望我们被别人割了做试验。现在不必谈割截身体了，叫你不说话你就受不了，叫你坐着不动也受不了，其实这个就是忍辱与禅定、般若的道理；只因为智慧不够，悟道并没有透彻，所以你受不了。

  （选自《金刚经说什么》《维摩诘的花雨满天》）

愚痴之心

我们本师释迦牟尼佛,看清如何追寻生命的出路,毅然决然抛弃王位不干,出家精进修行,这是一种不世出的大勇猛智。我们平常做事有此等精进的魄力吗?比如有人掉了十块钱,找了三天,晚上睡觉都还魂牵梦萦,也有人被随口骂了一句,一辈子刻骨铭心,难以释怀,这是何等的痴心!

我小时候,有一回妈妈在煮菜,一看酱油没了,便叫我至邻店里舀一碗回来。我第一次去买酱油,觉得很神气,舀好酱油后,怕它溅倒出来,因此很在意地边走边看着手上的碗,结果愈看愈摇,愈摇愈看,走到半路,端碗端得太紧,砰的一声,整碗酱油都打翻了,惹得街上的邻人指指点点,笑我连碗酱油都端不好。可是我头都没低,地上的酱油也不看一眼,又跑回家,重新拿一个碗再去舀。这回我懂了,端到酱油,看都不看,倒不倒都不放在心上,一路很快就走回家了。事情就是这样,你越在意,越加造作,往往就越难稳定,越不平衡。对于这一点,练过武的人应能体会个中三昧,静坐也是一样。后来有人问我:

"你那碗打掉了，为什么头都不低，看都不看一下呢？"我说："都已经掉在地上了，再去看它干吗？！"平常我们若是打翻一瓶酱油，大概要在那里看个半天，一直感到可惜，然后去捡那瓶子，摸摸酱油，却又怕手弄脏了，往身上一擦，反而将油迹沾在衣服上，气得心里、口里直骂该死。这不是很笨吗？破了就破了，盯在那里自怨自艾，何苦啊！

有许多人问如何除妄想，其实他已经在痴心妄想中了，这就是愚痴人问话。当然，当老师的只有捧捧他，说妄想怎么去……讲了很多方法。实际上方法本身就是愚痴，可是佛为什么有那么多教人愚痴的法门呢？因为笨人非要笨法捧他不可，不拿笨法捧他，他还不甘心呢，而且不相信。所以八万四千法门，都是哄笨人的。一切众生本来是佛嘛，要那么多法门干吗？连乐明无念都是多余的，都是唯心所变，所以要想除去贪图无念的这个贪，就是要观察愚痴心的自面，才得去除，因为贪图无念这一念，也是愚痴。

《维摩诘经》上说："示行愚痴，而以智慧调伏其心。"行菩萨道的人，比众生还要愚痴多情，其实表现出来的愚痴只是方便。他的作为只是"欲令入佛道，先以欲钩牵"，众生都为欲所困，他不能不用欲来化欲。

"示行愚痴，而通达世间出世间慧。"外表看起来很愚痴，可是世间出世间一切学问都有，智慧成就第一。你们在社会上走动多了，会碰到有的人看起来是笨人，默默不言，但一讲起话来极高明，就是孔子说的"夫人不言，言必有中"，这夫人不是讲人家的太太，夫是个虚字。所以说，你怎么知道他是不是菩萨？

大乘的思想是"涅槃生死等空花"，不管涅槃也好，生死也好，都是梦幻，都是游戏，生死不需要去"了"。但我们人是有感情的，尤其年轻人，花开花谢，女孩子们陪了多少眼泪。《红楼梦》中的林黛玉，除了花落陪泪之外，还作葬花的祭文："侬今葬花人笑痴，他年葬侬知是谁？"你说她多痴啊！这叫痴情，情感的美丽。一切恋爱的小说故事，古今中外什么《茶花女》《红楼梦》，很多啦！如果他们结了婚，过个五六年非打架离婚不可。所以人类世界的文学，都是痴的构成，越痴越有味道。

因为人看不通生命的幻化，就构成了一个痴，佛家真正的戒律，就是戒贪嗔痴这三样东西。所谓痴就是无明的根本，所以学佛是学般若，智慧的解脱。

（选自《维摩诘的花雨满天》《学佛者的基本信念》
《大圆满禅定休息简说》《列子臆说》）

傲慢之心

有虽多闻,而增上慢;由增上慢,覆蔽心故,自是非他,嫌谤正法,为魔伴党。

有些人学问很好,尤其是学佛的人,研究过经律论,也了解佛经,成就了什么呢?成就了一个很严重的错误——增上慢。一切众生,不仅仅是人,所有一切生命的贪、嗔、痴、慢、疑都是与生俱来的。贪、嗔、痴,大家都听得很多了。慢,慢是什么呢?慢就是我,我们常听见别人讲口头禅,或听到街上发脾气的人骂一句"格老子",这句"格老子"就是我慢。世界上没有一个人不觉得自己了不起,即使是一个绝对自卑的人,也会觉得自己了不起。自卑的人都是非常傲慢的,为什么傲慢?因为把自我看得很重要,很在乎自己,但是又比不上人家。自卑与自傲其实是一体的两面,同样一个东西。一个人既无自卑感,也不会傲慢,那是非常平实自在的。

中国文化里,庄子有一个比喻傲慢的典故"螳臂当车"。

他说螳螂发起脾气来，举起两只细长的手臂，想把车子挡住，不让车子过，结果可想而知，不但被轧扁，连浆都轧出来了。庄子这句话是比喻人"不自量力"，超过自己能力、智慧范围的事非做不可，螳螂当时怎么会有那么大的勇气，想用两只手臂去挡车子？就是因为"我慢"。一般人常说："格老子，我不在乎！"你不在乎就变成肉酱啦！

众生的我慢与生俱来，一个人如果能去掉慢心，那就快要修到"无我"了！从心理学的观点可以看出，我慢特别高的人，所做的事情都古里古怪，由于傲慢的变态心理，在某一方面就显现出来了。一个怕羞的小孩，看到人就躲，是不是窝囊？根本不是，他表面上怕羞，内心却非常傲慢。

还有疑，多疑，对任何事、任何人，尤其对修持信不过。贪、嗔、痴、慢、疑是众生的劣根性，不容易去掉。慢与疑包含在贪、嗔、痴中，痴是没有智慧。在修持上慢与疑比较容易看到，比较容易了解，因此通常只提贪、嗔、痴，比较少提及慢、疑。

增上慢是人本来只有慢心，由于某种原因又把慢心的作用发挥得更淋漓尽致。譬如学问好、多闻的人，最容易产生增上慢。岂止学问，一切人在任何方面有些成就，更高更上的慢心必然随之增加。像聪明人本来就自以为了不起，若再加上学识、经验，如果走上坏路子，就是古人所说的"学足以济其奸",不学还好,有了学问更助长其作恶。

中国历史上的奸臣,都是人才,都是学识一流的人才。像众人皆知的秦桧,学问之好,头脑之聪明,在一人之下,万人之上,可以一手遮天,蒙骗上面的人,其本事之大,可想而知。一个部下,能把高明的老板瞒住,使之看不到下面的事情,那绝非普通人所能做到。这些人往往都是"多闻之士"。

我经常公开告诫大家,菩萨道很不容易做到,以我自己为例,如果今天有人要我一只膀子,那我舍不得,我还要用它,我还要写字呢!我做不到。头、目、脑髓一切都拿来布施,我做不到。所以我不敢轻易说自己在学佛。但是我看到许多人一学佛以后,不管在家出家,经常犯"天上天下,唯我独尊"的毛病,我也常提醒他们注意,"天上天下,唯我独尊"的是教主,是我们的老师释迦牟尼佛,可惜不是你也不是我呀!甚至还有一种谬论,常听有些人说:"不识字、不研究佛经不要紧,六祖还不是照样开悟,六祖并没有靠读书开悟。"我说:"那是六祖,你不是六祖,更不是七祖,对吧?"六祖是没有读书,但是他碰到了五祖,有位好老师。像释迦牟尼佛也不靠祖师开悟,他可没说不读书。释迦牟尼佛在十八岁以前就成就世间一切学问,为什么你不肯读书,不肯跟佛陀学呢?

增上慢是个戒，增上慢的反面就是谦虚，绝对的谦虚，就是老子所讲的"虚怀若谷"。所以，大家要学习不犯增上慢，这里讲的只是戒，更重要的是：要戒除增上慢的心，才会增长多闻。

我经常碰到学术界学识很好的人，一来，一谈问题，劈头就是一句"我问你一个问题"，我就用眼睛看看他。他再说什么，我说我不懂。他说我问你，我说我不懂。用这种态度、这种口气请教别人问题，多大的增上慢！连个请问、请教的"请"字都不肯用。

"覆蔽心故"，增上慢把自己的本心盖住了，以为自己了不起，自认自己的观念是对的，别人的都是错的。也许现在我年纪大了，比较少见，年轻时看到增上慢的人可多啦！他们的声望、名气都吓死人的，那种增上慢之重，那真是不得了。话说回来，我们年轻的时候也相当增上慢。

过去，看到老一辈的大居士，学识、名气都是第一流，到了生病、临死的时候，手忙脚乱，痛苦万分，一点办法也没有，这时候所有的学问、佛法都不得力。最后一大堆人围着他，大居士告诫后生晚辈："你们以后还是老老实实念佛吧！"我不提名字，一提名字就犯了增上慢戒。究其原因，没有真正地修持，因为学问好，文章比人家写得好，所以就犯了增上慢戒。

这种增上慢没有方法制伏，除非你比他还要慢，那么如何做到呢？你要多闻，学问要比他好，有正见，有真修持，否则没有办法。

佛在经典中告诉我们，学问越好，所知障越多，修道证道越难，他生来世的果报，是一个思想家、一个学者，不能证果。不但大乘菩萨果位证不到，小乘的果位也不可能。凡是心外求法都是外道，有学问，有思想，能言善辩，讲理头头是道，叫他拿身心来证明，一无所能，因思想、念头静不下来，不能专一，不能定。所以学问越好，越容易产生增上慢，自己把自己的本心本性盖住了，"自是非他"，自己认为自己的观念才是对的，别人不对。

所以，大乘菩萨道的大戒第一条就是"自赞毁他"，首先要学习的是真正的谦虚。

我常跟同学说，我看到学者就怕，看到文人就怕，看到艺术家就怕，看到能干的人就怕，很多人我看了就怕，怕什么？自古以来，文人、学者、艺术家都犯了同一毛病——"文人相轻"，看不起别人，文章是自己的好，儿子是自己的好，不过妻子是别人的好，是不是这样？

我们小时候读过一首名诗："天下文章在三江，三江文章在我乡。我乡文章数舍弟，舍弟跟我学文章。"

三江就是江苏、浙江、江西。讲了半天还是我第一。文人个个如此，人人一样。算命的、看相的、玩艺术的，都彼此"千古相轻"，相互嫉妒，甚至于打架，看别人生意好就眼红，某某人八字算得好也不服气。

搞宗教的，也是"千古相嫉"。你的庙子旺，我的庙子不旺，恨死你，恨不得夜里一把火烧了你的庙子，或念个咒子把你的庙子毁掉。

"文人相轻，自古而然"是古人说的，我则加了两句——"江湖千古相仇，宗教千古相嫉"，我三样都碰到过，真是可怜啊！有时我闭眼睛一想，都觉得还很稀奇，在"千古相轻""千古相嫉""千古相仇"的几重压力之下，我竟然还能活着，而且活到几十岁，也差不多啦！

谈这些事实和道理，就在说明人根本上所犯的错误，就是慢心太重，自赞毁他，认为自己都是对的。我经常讲，天地间的人，绝没有自己承认自己犯错的，都是别人不对。任何人只要一犯错，他心里也明白，脸色立刻变红，过了一会儿，自己再一想，马上又找了很多理由支持自己，认为自己的对，错的还是你。你看我们每个人是不是这样？当然包括我在内。

（选自《药师经的济世观》）

疑惑之心

《瑜伽师地论》上说:"疑者,谓于师,于法,于学,于诲,及于证中,生惑生疑。"五盖中第五是疑盖,对老师,对所学的法,对所学的教理,对老师的训诲,乃至对自己修证到的境界,认不清,而生出疑惑。有很多人修行,已经达到了某个程度,因智慧不够,就有怀疑,以致修证的境界反而变坏了,像这样的人有很多。

"由心如是怀疑惑故,不能趣入勇猛方便正断寂静。"由于这种种的怀疑,就不能得到勇猛方便,由正道断除烦恼,而得到寂静。譬如你们听《参禅日记》的那位老太太的日记,她一个人在那里摸索、进步,很多地方是她自己修到那个境界的。虽然她写日记报告来问我,但问答来回要二十天。答复未收到,她自己都能信得过,又进一步了,因为她没有疑惑。即使有疑时,她自己都能够解答,她的难能可贵就在这里。

又譬如你们在这里学的,天天围着我,老师长、老师短的,可是都没有用,因为我告诉大家的,大家口头上说是,事实上听都没有听进去，都是在自说自话。然后今天来问的也是这个问题，明天来问的也是这个问题，出去三四年以后又来问的，还是这个问题，毫无智慧。尤其大家的同学当中，尽管有人学佛很多年，包括出家的，对于教理的研究，一点影子都没有，大概只把五蕴、六根、六尘、十二因缘、十八界等名词记住了而已，其他一无是处，因为无智，没有智慧。

这是讲到疑盖，像大家现在初学打坐，问题包括腿麻、坐多少时间等，但对于生理心理的变化，根本茫然不知。换句话说，对于佛学佛法的教理一无所知，真叫作盲修瞎炼，浪费自己的生命时间，这都属于疑盖之中。

"又于去来今，及苦等谛，生惑生疑，心怀二分，迷之不了，犹豫猜度。"自己对于修行多疑，你们都念过《金刚经》嘛！后面的赞语——"断疑生信，绝相超宗，顿忘人法解真空，般若味重重，四句融通，福德叹无穷"——断疑生信才能入般若，才能证得般若智。我经常说佛教徒、佛教界，包括七众弟子，多疑的人太多了。佛法建立在"三世因果、六道轮回"的基础上，学佛信佛的人，平心而论，自己相信三世因果、六道轮回吗？没有人信的，都是张开嘴巴自欺罢了。如果你说相信，盲目信是没有用的，这个里头没有弄清楚的话，说信佛，那是自欺又欺人。

佛法要从明理修起，这个道理是说，一切众生一生下来，就是阿赖耶识带来的善、恶、无记业报等种性，因无自知之明，就对一切的事都起疑惑。所以现在青年讲推翻一切传统，没有什么稀奇，人性本来具有多疑的种性，大家要把自性里头的多疑认识清楚。

佛告诉我们第二种怀疑，就是人不能起善法的信念，为什么人生有那么多苦？有钱是有钱的苦，有地位是有地位的苦，竞选也有苦，是求名求利的苦，只是每人的苦不同而已。这些都是多生累劫因果关系，可是多数的人都不懂。大家对于"去来今"，过去现在未来三世因果，所发生四谛的道理不清楚，产生怀疑，也不相信。

有人脚踏两条船，就是"心怀二分"：要他专参究佛学嘛，他不干；要他一切放下，身心投进去求证嘛，他又做不到。讲起学理是口口讲空，做起人来步步是有，站在台上叫大家放下，台下自己贪得无厌，很多人都是如此"迷之不了"，永远不明白。什么叫开悟？破了疑，"断疑生信，绝相超宗"，那才叫开悟。

一般信佛的人，对于三世因果、六道轮回，可以证得菩提，可以得定，可以证果这些事，老实讲，学理可以尽管讲，心里头犹豫不决，没有真正地参透起信。结果是什么也搞不清楚，都在"犹豫猜度"中，这是　盖。学佛修定的人，为什么不能得定？讲良心话，你们学佛，有没有这一生非成佛不可的信心？除了疯子才有这个信心，不疯就是傻，其余都在犹豫不信中。所以万人修行没有一个人证得。再不然，修是修了，头发也剃了，前途如何？不可知，走一步算一步，看看哪个茅棚好修，去挂个褡算了；哪里素菜好吃，吃一餐再讲，都在"犹豫猜度"中，所以不能证得。

中国禅宗祖师，一辈子只讲三个字。人家问他什么是佛？莫妄想。什么是法？莫妄想，一个人真做到莫妄想就到了。但是凡夫听了信不过，信不过就是疑，离开一切的疑虑就是无念。有人说：我已经无念好几天了，也没有智慧发起，又没有神通，也没有法。这都是自己在那里捣鬼、疑虑，真的无念清净，好几天算什么！为什么要求智慧？可见是妄想。

为什么要有神通？还是妄想嘛！都在执着，这些都放下了，离开一切疑虑障碍，则此心无往而不自在，自然在空空洞洞、明明了了之中。其实不必去找一个空明、清湛，只要我们无思无虑，自然清清湛湛。所以宋明理学家认识了这个道理。《诗经》上说"上天之载,无声无臭"；孔子在《易经·系辞》上说"天下何思何虑"，不需要思虑，就到达了。人为什么不能成道？因为自己智慧信不过。所以离开心，离一切形相，不着相，无作无住，讲无念也不要住在无念上。有人说自己已做到无念了，你做到了无念，住在无念，就有个境界了，又执着了。比如我在讲,大家在听,彼此都在无住,本来无念,听过了就没有,可是都听到了,还要找个无念吗?本来无念,本来无住啊!所以明白了这个道理,什么魔障、危险都没有了,如此定下去,自然无所谓定,无所谓不定。哪里有个定呢?有个定已经不叫作定了,这样才自然得解脱。一法都不住,一条大路就是如此。

(选自《瑜伽师地论 声闻地讲录》《大圆满禅定休息简说》)

嫉妒之心

"嫉妒"二字都用女字旁,中国古人发现,嫉妒的情绪变化表现最明显的是女性,并不是说男人没有嫉妒心,男人同样嫉妒得厉害。凡是众生都有嫉妒心,不过女性表现最显著。嫉到了极点就生病;妒到了极点,人的心都死了,像块石头一样。

我经常跟青年朋友说笑话,嫉妒心理哪个没有,女性最明显。你到街上看看,一个女性在街上走,对面来了另一个女性,或者穿着比她漂亮,或者长得比她漂亮,或者手上拿个东西不同,她会斜起眼睛看,然后"啐"一声,嫉妒。街上走路的人比你漂亮,同你什么相干嘛!她也看不惯,要嫉妒一下。女性类似这种心理可多了,或某件事,或某一点,人家只要有一点好处,她非嫉妒不可。

男性的嫉妒心似乎比女性好一点,其实一样,但有所不同,在名利场中,在同事升迁的时候,或经理、老板对某人好一点,他就无比地嫉妒。"格老子,他算什么?啐!"就这么一声啐！嫉妒，其他的可多啦！

嫉妒的心理也是与生俱来的，现象非常多，这两种心态是毒啊！大家自我检查，小时候同班同学，字写得比自己好，文章做得比自己好，功课比自己强，你真佩服他吗？你也没有讨厌他，不过你有个心理："我其他方面也很强哦""我自尊心受了伤害"。什么叫自尊心啊？嫉妒，讲好听点叫自尊心，那是给你遮羞的，那是痱子粉。所谓自尊心就是增上慢、我慢，变个名字叫自尊心。为什么要自尊啊？以自己为中心，自己吹自己，天大地大我大，月亮底下看自己，越看越伟大，那叫自尊心？那是我慢，因为我慢而变成嫉妒。

谈到历史，偶然想到一个问题，中国人讲五伦：君臣、父子、兄弟、夫妇、朋友。前面四伦还讲得过去，为什么加上朋友呢？朋友还是非常重要的，朋友有时比父母、兄弟还重要，为什么呢？人有时遭遇某一种事，产生某一种心理，父母、兄弟、配偶不一定帮得上忙，唯有朋友才能解决。然而中国历史上标榜朋友之道的，也只有管仲、鲍叔牙的故事，难道中国几千年历史中只有他们两人之间有朋友之道？当然不是，除了他们之外，在非知识分子中有很多，知识分子反而不容易做到。

据我这几十年的经验，到现在更承认古人的两句话："仗义每从屠狗辈，负心多是读书人。"我最近写给别人一副与此有关的对联:"报德者寡,报怨者多。"现在的时代,你付出再多,所得的都是怨恨。古人也说"仗义每从屠狗辈",社会上真正能够帮助别人,同情、可怜他人的是穷人,穷人才会同情穷人,痛苦中人才会同情痛苦的人,屠狗辈就是杀猪杀狗的,没读过什么书。"负心多是读书人",知识分子知识越高,自己思想解释就越多,不愿意做的时候,他会刻意加以解释。知识低的人不会解释,朋友嘛!怎么不去?为朋友没有理由不去,因为他思想不复杂。学问越高,思想越复杂,高学问而变成单纯专一的人,那是天下第一人,由高明而归于平凡。

管仲与鲍叔牙是知识分子的交情,他们之间永远没有嫉妒,为什么?管仲穷困可怜的时候,两人合作做生意,管仲的个性素来如此,结账时总要多拿一些。譬如赚一百万,他要拿八十万,鲍叔牙说拿去。这很不容易啊!到了管仲当宰相快要死了,齐桓公问他死了怎么办,宰相找谁做呢。以我们的看法,管仲一定推荐鲍叔牙。齐桓公也问管仲,鲍叔牙可不可以接他的位子,管仲答说不可以,因为鲍叔牙个性太方,太求完美,要求太过分的好,胸襟无法包罗万象,不能当宰相,于是阻止齐桓公找鲍叔牙当宰相,而另外推荐其他的人。

所谓知己朋友在哪里?假使是别人,一定这么想:我跟你管仲几十年朋友，穷的时候是我培养你，在政治上也是我协助你上去的，犯了罪也是我保你不杀头的，现在你当了几十年宰相，死了这个位子也该让我坐坐，连国君都示意要我坐，你却反对。一般人一定会骂管仲可恶。可是鲍叔牙一听到管仲告诉齐桓公不要让他当宰相，却非常感谢，"只有管仲知道我"。实际上管仲是爱护他，宰相肚里能撑船，个性太方，心胸太窄，坐上宰相的位子，会被自己搞砸；管仲为了保全鲍叔牙而反对他当宰相，也只有鲍叔牙懂得管仲的心理是爱护他。他们两人之间永远没有嫉妒的心理，这个相当难。

嫉妒的心理很可怕，以我的看法，男女之间也有嫉妒，新婚夫妇最要好了吧，彼此也有嫉妒，信不信？研究心理学的去研究看看，如果夫妇俩到某个场合，有很多人赞美太太，丈夫心里很不舒服，别说男人赞美他的太太，就是女人赞美太太多了，没有夸赞先生一句，坐在那里心里也真不是味道。反过来看，在某个场合赞美先生的多，太太虽然高兴，心里也不是味道，这"不是味道"的心理就是嫉妒。你以为夫妇之间不嫉妒啊？你以为兄弟之间不嫉妒啊？连父子、师生之间都在嫉妒啊！

人如果能去掉了悭贪嫉妒，它的反面是什么？只有帮助人，只有恭维人，只有培养人，都希望别人好，一切荣耀都归于老兄你,那才是做到了不嫉妒。什么叫学佛?这就是学佛啊!你以为磕头拜佛,念经吃素,求佛保佑就是学佛?你还是求这四个字保佑你好一点,你把"悭贪嫉妒"这四个字真去掉了,你成佛的路走上一半还有余。

人类这些贪、嗔、慢、谄曲、嫉妒的心理,是人性中最坏的一面,与生俱来,每一个人都有。乃至于这个人很清高,与社会都不来往,这是嗔心大,因为他讨厌这个世界,讨厌人家做坏事,讨厌人家追求名利。譬如,有些人说你有钱又怎么样?你有地位又如何?我又不求你,有钱有地位是你家的事。这也是嫉妒,这也是慢心。把这些心理都拿掉,此心才能平静,如古人所讲的"人平不语,水平不流"。

你说我打坐的时候很清净,这些心理都没有,不算本事!你到外面做事,与人接触一下看,碰到人家欺负你、侮辱你、取笑你,这个时候看你心动不动。你说我一个人住在山里头,在佛堂里烧个檀香,看的是菩萨,菩萨又不惹你,当然清净!什么是修行?要在这些地方下功夫。

(选自《药师经的济世观》《圆觉经略说》)

一念之间有什么

什么是念？念有时也可以代表心。我们的生命，可分成两部分：身体上的感觉和思想上的知觉。二者合拢来，就是心，就是念。我们晓得，佛经上经常说"一念之间"，一念之间是什么？我们人坐在这里，不要做功夫，自自然然地呼吸，不呼吸就死了。气一呼出，不再进来，或者吸进来，不呼出去，生命便要死亡；呼吸一来一往，一进一出，这生命才活着。生命就是一口气。

一口气一来一往，一呼一吸之间，依佛学讲，叫一念，而这一念还是粗略而言。这粗的一念，一呼一吸之间，究竟包含多少感觉思想呢？佛经上说，一念之间有八万四千烦恼。这就要靠大家去体会了。佛绝不会说谎，佛是真语者、实语者、如语者、不妄语者。譬如我们的脉搏跳动，一分钟七十几下，每跳一次，究竟有多少思想念头生灭呢？很多很多，只是一般凡夫自己察觉不出而已。

以写信、写文章为例，刚画了一笔，下面几笔还没添上，这之间已经有许多的念头过去了。思想的速度快过手中之笔，太多太多了。所以有人写文章，往往对着白纸写不出来，那是因为思想念头过于杂乱，手上无法整理出一个头绪来。

像我现在讲话，大家在听。我一句话还没讲完，脑子里已不是原来这一句话，早想到下一句，许多接下来的话，接二连三地闪现。诸位听讲也是一样，话一入耳，心里早已引生了许多念头：他这样讲对不对？他还真有两下子，蛮会吹会盖的！短短的一句话之间，就有这么多细微难察的念头生灭。

那么，我请问诸位，你们光是靠口中"南无阿弥陀佛"六字洪名，想了断生死，往生西方，而实际上心中却掺杂那么多生生灭灭的妄想杂念，并非真正念佛，这样成吗？所以，念佛绝不会白念，但是糊里糊涂混日子的人却不易得力。明朝有位学者说，任何一个人，一辈子只做了三件事：自欺、欺人、被人欺。人一出生就反反复复做这三件事，直到死亡。一辈子自我欺骗蒙盖自己，再不然哄骗人家。哎哟！我念佛念得好好啊！你赶快跟我去念，念佛真的很有意思。实际上自己满腹牢骚，天天烦恼。这不是自欺欺人吗？而那个莫名其妙跟着赶来凑热闹的，便是被人欺。此人生之三大事也。

我们念佛，却不明何谓念佛，这是自欺，自己辜负自己。那么，什么才是念佛的那一念呢？现在我做个比方，你欠了人家的账，明天下午三点半前不将足够的钞票存入银行，人家那张支票轧进去，就要退票，你自然成了票据犯，隔不了多久法院要请你到看守所去坐坐。可是明天实在凑不出这笔钱来。此时你坐在这里念佛，心里一直挂着明天那张支票，三点半一到，怎么办？那真是牵肠挂肚，忧心忡忡，念念不忘，整个心都悬在这件事情上面，无法忘怀。像这样子的念，才是我们念佛所需要的。

又如年轻人恋爱，追求异性。虽然坐在此地听课，心里头还想着他（她），现在不知到了哪里？干些什么？在西门町电影院门口？或者在公交车上？还是跟别人去玩了？如此坐在这里，心中七上八下，整个思想都被对方的影子盘踞住了，痴痴地想，挥也挥不掉。这是思念，我们念佛也要这样，天天想着阿弥陀佛，时时刻刻惦记着他，乃至不需这四个字或六个字的名字，心里头只这么挂着这个念——佛，成为一种习惯，那就对了。

有时我问同学："你有没有念佛？""有啊，老师。我一天念两次哪，一次五串念珠，一串一百零八个，一天总共一千零八十次。"好像在算钱数利息一样，这不大对。我念佛不大计数，一念一念就顺下去了，管它是多是少，一念一口气就能一心不乱到底嘛！所以，念佛可以用念珠帮助，但是不要太过着相，斤斤计较数目，反而用错心思，多可惜。

我小的时候,家在乡下,看到那些老太太念佛,许多都是拿张纸,纸上有好多红色圈圈,一边念"南无阿弥陀佛",一边手中拿着麦草管,蘸一点黑墨水,一百零八遍便在圈圈上点一下。我家的一个老用人,也是一样。我们从外面回来,她看到了,一边念佛一边说:"你回来了,少爷!阿弥陀佛,阿弥陀佛……很好玩吧?"我说:"好玩。"她说:"阿弥陀佛,阿弥陀佛,好玩哦!很好很好,阿弥陀佛。"然后念了几句又说:"你坐一下啊,我等一下就给你烧水泡茶!等我念佛念完了,阿弥陀佛,阿弥陀佛……"接着举起麦管在纸上轻轻点一下。

那时年龄还小,觉得很好奇,就问:"哎,王婆婆啊,你这么念着干什么?为什么有这么些纸?"她答道:"哟,少爷你不知道,这些将来要烧。这一辈子已经这么辛苦,花了那么多本钱念佛,都登记下来,死了以后,总要给我一条大路好走吧!再不然来世投生时,我念佛的记录都是钞票,可以到处送红包,也好找一户好人家投胎。"你看看这种观念,跟真正的念佛有什么关系呢?小时候这样子的看得很多,我的老祖母信佛很虔诚,但是她又何尝不是如此?

(选自《定慧初修》)

第三章
谁能不动心

孔子一生的修养

吾十有五而志于学，三十而立，四十而不惑，五十而知天命，六十而耳顺，七十而从心所欲，不逾矩。

这是孔子用一段话讲自己心性的修养。你们注意哦，心性修养很难，不像佛家、道家讲打坐、飞升，没有这个事。孔子一辈子做学问，他说"吾十有五而志于学"，十五岁就晓得立志了。孔子是个孤儿啊！生活环境很可怜的，年轻时很辛苦，父亲早逝，家里很穷，他什么苦差事都干过。圣人是从苦难中磨炼出来的。你们诸位太幸福了，每个孩子都是皇帝、都是公主，哪有这么好的？我小时候都没有经验过这么好的生活，我也是自己磨炼出来的啊！同样的道理，孔子说"吾十有五而志于学"，十五岁立志求学，"三十而立"，到三十岁确定了学问、人生的道德修养是这个样子，真正站起来。

从十五岁到三十岁，这十五年间，孔子痛苦得不得了，所以他说自己三十而立,这个人生磨炼出来的学问,在三十岁确定了。"四十而不惑",三十岁确定做修养的学问、磨炼自己,有没有怀疑?有怀疑,摇摆不定的。自己生活的经验,有时候明明做了好事,却得了很坏的结果,很受不了;有时候心里反动,就要发脾气了。

所以古人有两句话:"看来世事金能语,说起人情剑欲鸣。"这两句话怎么讲?看来社会上只有钱会讲话,大家只要送钱就好了,拿钱给人家就一切好办,"看来世事金能语",要做官拿钱去买。"说到人情剑欲鸣",讲到人的心理啊,刀剑就要拿出来杀人了,世上人心太坏了,会气死人的。我引用这两句话是说明孔子三十而立,再加十年用功做人,十年读书,十年修养,"四十而不惑",才决定要做一个好人,不能做坏人。虽然"三十而立",但看法还会有摇摆,可见修养之难啊!

"四十而不惑",再加十年做人做事,"五十而知天命",这才晓得宇宙观、晓得人生命的意义和价值究竟是怎么一回事。我们人怎么会生出来?人为什么生来是男是女?为什么在同样的环境下,每人的经历不同?为什么有的人一辈子很享受,有的人永远很痛苦?这里头有个道理,"五十而知天命",换句话说,孔子讲自己到五十岁才晓得宇宙万有有个本能的因果规律的作用,都是十年十年的磨炼。

再加十年的修养磨炼,"六十而耳顺"。我们小的时候读书,老师讲的也听不懂,什么叫耳顺?有同学告诉我,孔子以前大概耳朵听不见,到六十岁挖耳朵挖通了,这是小时候同学们讲的笑话。其实耳顺就是看一切好的、坏的,听人讲话对的、不对的,听来都很平常,都没有什么,就像做饭一样,修养的火候到家了,好人当然要救,坏人更要救,这是耳顺,"六十而耳顺"。

再加十年,"七十而从心所欲,不逾矩",得道了。你们现在教孩子们读古书,看看孔子几十年的修养,到七十以后,他真正地大彻大悟了,是这么一个过程。

(选自《廿一世纪初的前言后语》)

功成名就还能不动心吗

公孙丑问孟子：假如你做了齐国的宰相，达到治国平天下的目的，在这样功成名就的时候，动心不动心呢？孟子说：我在四十岁的时候，已经不动心了。换言之，我们会认为，他在三十九岁的时候，也许还会动心。这个"动心"，以现代西方人的说法，就是"我感到骄傲"；以东方人的说法，就是"自豪"。而不动心的详细解释，就是当功已成、名已就的时候，自己并不会因沾沾自喜而影响到自己的素行，甚至连私生活也不会发生改变。

像以前为了消弭两国世仇而互相访问的埃及总统萨达特、以色列总理贝京，全世界的人都赞誉他们两人是英雄。我们在电视新闻上，看到他们的言谈举止也煞有介事，装出一副英雄样子来，昂首阔步，这就是动心。孟子说他四十岁就不动心了，也就是说，他对于功名富贵，早在四十岁的时候，就看得如浮云飞尘一样，丝毫不在乎了。他把这等功业看成喝一杯茶、吐一口烟一样平淡，这是孟子所讲的"不动心"。正如明儒王阳明的诗（编按：南师版本）：

险夷原不滞胸中，万事浮云过太空。
波静海涛三万里，月明飞锡下天风。

孟子这里的"不动心"只是对功名富贵与事功成就而言，好比你们在街头橱窗中看见一件漂亮的衣服，并不想去买来穿，这就是对这件衣服"不动心"。

说到人生的学问修养，在行为哲学上的"不动心"，让我先说一个大家都熟悉的笑话，就是苏东坡与佛印禅师的故事。苏东坡喜欢参禅学佛，也经常做嬉笑怒骂的文学作品。他在参禅的功夫上，自认已经做到不动心的境界。有一天，他写了一首诗：

稽首天中天，毫光照大千。
八风吹不动，端坐紫金莲。

他派人把诗送到金山寺给他的好朋友佛印禅师。佛印看了，在他的原诗上批了"放屁"两个字，退了回去。苏东坡一看，马上亲自过江来看佛印，问有什么不对。佛印就笑说：

你不是"八风吹不动"吗?为什么"一屁过江来"呢?事实上,这一则笑话是后人编的。这些句子绝对不像苏东坡的文笔,不过,倒蛮有道理的。

那么,什么叫八风呢?那是佛学的名词,所谓"利、衰、毁、誉、称、讥、苦、乐",便是人世间八大现象的外境之风。什么是"利"?包括了功名富贵、升官发财,一切事业成就,万事如意都叫利;相反一面,便是"衰",一切倒霉。"誉",包括了一切的好名声,万事顺遂,人人称赞;相反的,便是毁,遭遇别人的攻击。"称"和"讥",本来和毁、誉差不多,但有差别,毁、誉的范围大,称、讥的成分小而浅。"苦"与"乐"是相对的两面,人生随时随地被苦痛和快乐所左右。一个人如果修养到对世间的八风都无动于衷,那是多么困难!当然,心里麻木和白痴不在此例。

我们再随便举出一些留名史册、类似于孟子所说"不动心"的故事。

晋末的权臣桓温,有一次先埋伏了杀手武士,遍请朝廷政要们吃饭,目的是要谋杀太傅谢安与王坦之。王坦之吓得不得了,问谢安怎么办。谢安神色不变、意态自若地说:晋朝的存亡,就取决于你我这一趟的赴宴,你跟我去吧!王坦之在宴会上一直带着恐怖的神色,举止颠倒,极不自在。可是谢安还是那样从容不迫,而且更有一种不在乎与不可侵犯的神气。他用锐利的目光看着桓温,再看看埋伏在幕后的武士们说:你今天请客,是多么风雅的事,为什么把这一批应该放在战场上的武士藏在幕后,拿着那些不好看的俗物(武器)呢?桓温被他的气度所慑服,反而觉得不好意思,马上命令撤退卫士,也终止了杀谢、王的阴谋。

后来当前秦苻坚统兵百万南攻东晋的时候,晋朝举国上下都害怕至极。谢安不动声色,还和侄子谢玄驾车出去郊游野餐,玩到夜里方才回家处理作战布置的命令,然后慢慢地说,差不多没问题了。事实上,东晋所有可以作战的部队只有八万多人。而苻坚号称步骑兵百万,认为投鞭足以断流,这固然也是心理战术的夸张宣传,但的确不是东晋的兵力可以对付的。结果苻坚反被谢玄的精锐部队打垮,苻坚本人还被射伤,从此一蹶不振。东晋俘虏了几万人,缴获的物资很多,单是军用交通的牛马驴骡驼等便有十万头。

捷报送到时,谢安正和客人下棋,看了报告,一声不响,仍然慢慢地下了一子。客人忍不住相问,他则意态如常地说:小儿们在前方已破掉了苻坚,打了大胜仗。这是何等的修养,何等的镇定!不过,棋下完了,客人走了,他兴奋地一跃而起,禁不住内心的高兴,一脚跨过门槛,把脚上穿的屐齿(木拖板的前跟)也弄断了。

在历史的记载上,一方面描写谢安学问修养的镇定风度,但另一方面又附笔描写他背地里折断屐齿的洋相。是真不动心吗,还是强作镇定呢?不过,无论属于哪一种,身处其境,能如谢安的表现,也确非一般常人所能做到。就如在桓温那一次宴会上的谈笑风生,也是拿性命做赌注啊!所以在处事上,他的确是做到了"不动心"的修养。

此外,讲帝王的"不动心",就是尧舜禹三代的禅让了。圣贤的"不动心",如周公旦辅成王,所谓"恐惧流言"的史迹;孔孟"穷则独善其身,达则兼善天下"的风格;大臣如司马光、吕蒙正等人的作为。至于一般知识分子士君子,有柳下惠、管宁等,还有岳飞、文天祥,也都是"不动心"的好榜样。文天祥《正气歌》里的历史人物与故事,也是孟子所提出"不动心"的佐证。

再说相反的动心的一面,如汉高祖功成名遂归故乡,自唱"大风起兮云飞扬,威加海内兮归故乡";项羽自称西楚霸王之后,愿归故乡江东,让人看看他的威风;以及前面所讲苻坚的大言炎炎,自称"投鞭断流"时的山大王作风;明末清初洪承畴、吴三桂的屈膝投降;等等。历史上这类动心的资料,也是数不清、讲不完的。

一个人开始时对功名富贵不动心,还比较容易;但是当功成名就时还要自己不动心,那就很难了。人在功成名就、踌躇满志时，就以为自己最伟大了，这一念就是动心。所以唐末诗人有一首诗说：

冥鸿迹在烟霞上，燕雀休夸大厦巢。
名利最为浮世重，古今能有几人抛？

这诗里的"冥鸿"，出自《庄子》的典故。所谓冥鸿南飞，又有"鸿飞冥冥"的成语，是说有一种高飞的巨鸟，经常展翅在白云上面，自由自在，任意飞翔，弓箭罗网都捕捉不到它，甚而它栖息在哪里人们也不能确定。所以诗人把冥鸿比作不为功名富贵羁绊的高士，寄迹在天空轻云彩霞之上，偶尔能看见它的身影，忽然又飞得无影无踪了。而一般追名逐利的人，就和那些筑巢在大房子梁柱上的小燕子一样，一天到晚叽叽喳喳乱叫，自夸居住的房屋有多么伟大，梁柱雕刻得多么华丽，而事实上它们只是筑巢在那里栖身而已。这就等于一般世人栖身托命于名利，而对自己的功名富贵自夸一样可怜。

这首诗在前两句以比兴做了隐喻，下面两句就点明了主旨，大有一吐为快的味道。"名利最为浮世重"，世界上的人都看重名利，"古今能有几人抛"，从古到今能够有几人把名利放弃不要的？你我都是燕雀者流，只怕一个大老板多给我们几个钱,就在他那里栖身托命了。他这里还只是讲一般的名和利,如果像公孙丑所说那样的功成名就时,那就更严重了。

我们再举例来说,那位"力拔山兮气盖世"的楚霸王,年纪轻轻,逐鹿中原,征服群雄,登上楚霸王的宝座时才二十多岁,就"天下侯王一手封"了。后来的汉高祖,当时还是他手下所封的一名汉王哩!他在风云得志、意气飞扬的时候,有些老成、忠心的大臣建议他不要回江东立都,而应该以咸阳作为号令天下的首都。结果这位霸王得意非凡地说:"富贵不归故乡,如衣锦夜行。"到了万乘之尊的地位,不回故乡风光一番,就好比穿了漂亮衣服在夜里走路。我们现在的漂亮衣服大都是晚上穿,因为夜晚街上比白天还光彩明亮。但是几千年前穿了漂亮衣服走夜路,可没人看得见。

项羽这个"富贵不归故乡,如衣锦夜行"就是大动心,志得意满,不知道居安思危。所以尽管他有"力拔山兮气盖世"的高强武功,但不能成大事,天下一手得之,又一手失之。其实富贵归故乡,充其量听那些老太婆、老头儿指指点点地说:项羽啊!你这个小子真了不起!但是,这又怎么样呢?

现在我们看历史,批评别人容易,一旦自己身临其境,要做到富贵不动心,功盖天下而不动心,真是谈何容易!

像那位手拿羽扇的诸葛亮,就是了不起!他可说是临危受命，把刘备从流离困顿、几无立锥之地的情况下辅佐起来，与强大的曹操、孙权形成鼎足三分的局面，这是何等的功勋！而刘备死后，诸葛亮又绝无二心地辅助那个笨阿斗，鞠躬尽瘁，死而后已。结果他的临终遗言是"成都有桑八百株"，他们家在成都有八百株桑树，每年靠桑树的收成，子孙们就够吃饭了。诸葛亮到底是千古人物，不像那位聪明的苏东坡，尽打如意算盘说：

人皆养子望聪明，我被聪明误一生。
惟愿孩儿愚且鲁，无灾无难到公卿。

还有伯夷、叔齐，他们薄帝王而不为，视天下如敝屣，所以我们的至圣先师孔老夫子曾屡次在《论语》中赞叹他们。我们常听人说，叫我当皇帝，我才不干。当然你不干，因为根本就没有人会请你去当皇帝。我们只能说，如果有人送我西装，我还不要哩！像释迦牟尼那样放着王位不要，出了家，有了成就，这才是真本事。

前面所讨论的是就大事而言的"动心"问题，至于平常小节方面的"动心"，更是随处可见。小孩子们到了百货公司，看见饼干、玩具就吵着要，要不到就哭，这就是动心。朋友送了一条漂亮领带，好开心，这也是动心。学佛修道的人为了使自己不动心，不打妄想，于是闭起眼来，盘腿静静地坐在那里，无奈脑子里却热闹地开着运动会。庄子说这是"坐驰"，外面看起来他是安静地坐着，但脑子里在开运动会，一个比赛接着一个比赛，开个没完。所有我们这些跑来跑去的念头都叫作动心，所以说真正的"不动心"，实在也非帝王将相所能为。

古人有句名言："志心于道德者，功名不足以累其心；志心于功名者，富贵不足以累其心。"一个人如果立志于道德修养的话，不但后世的留名不放在心上，这辈子的功名利禄更是毫不考虑，这是第一等的人才。第二等的人是"志心于功名者，富贵不足以累其心"。像那位桓温说的："不流芳百世，即遗臭万年。"我跟年轻同学说笑话，像报纸刊登大抢案的主角那样，多出风头！国内外报纸都登他的消息，我们还做不到呢！当然这只是当笑话说说。这里"志心于功名"的"功名"，是流芳百世之名。三代以下未有不好名者，一旦"志心于功名"，什么黄金、美钞、汽车、洋房都不放在眼里了。古人除了这两句话，还有第三句话："志心于富贵者，则亦无所不至矣。"这是第三等人。像现在大专联考填志愿表时，先看准哪个科系出路好、赚的钱多，就往哪里钻。像这样立志为赚钱而学的，如果能够成为盖世的人才，那才是天大的奇迹呢！

和古人这句话很像的，便是宋朝陈仲微说的："禄饵可以钓天下之中才，而不可啖尝天下之豪杰；名航可以载天下之猥士，而不可以陆沉天下之英雄。"禄就是薪水、待遇。古时候官员们每年领多少石米，这就是"禄"。唐太宗当年开科取士，那些英才到底还是被"禄饵"所钓，被"名航"所载。真正志心于道德的奇士、英豪，反而都隐居起来。所以孔子在《论语》中提起隐士，常常流露出对他们的敬意。而中国文化中，除了孔孟等救世救人的思想外，隐士思想也占了很重的分量。道家常有些隐士，连名字都不要了。像广成子、赤松子、黄石公等，到底叫什么名字都无从得知。唐代有一位得道的道人，一年四季披件麻衣，后世只好称他为麻衣道人。禅宗也有一位纸衣道者，他可比我们进步，一千多年前就穿起纸衣。在这些连名字都不要的人眼里，"名航"算什么？他们不屑于上船。不上船怎么办？你开船好了，他游泳，慢慢来，要不然他干脆躲到山上去了。

其实，自宋儒倡研理学、讲究孔孟心法的动心忍性，见之于事功，用之于行事之间的，除了宋代的文天祥、明代的王阳明、清朝中兴的名臣曾国藩之外，到了蒋公中正时，他的修养心得有两句名言："穷理于事物始生之处，研几于心意初动之时。"推开蒋公的功过等不谈，如果公平谈论儒家理学修养的心得，老实说，这两句名言的造诣，当世再也无人可及了。如果蒋公在世,我便不能如此说,因为会被人误会为谀辞。我相信将来在学术文化史上自有定论。

(选自《孟子与公孙丑》)

罗近溪的弯路

由于孟子与公孙丑的对话提到"不动心"的问题,自秦汉以后,一直到十九世纪末期,两千多年的中国文化体系中,谈修养,讲事功,或多或少都受到孟子所谓"不动心"这句话的影响。尤其是宋明以来,以儒家正统自居的理学家们大多数更是如此。其实,自汉魏以后的道家和佛家,也受到这句话很大的影响。因为佛道两家的修养方法,所谓讲究修持、注重修为功夫的内涵,基本上和孟子讲的"不动心"异曲同工。

道家学说宗主老子的"为无为",乃至于一变而成为道教的以"清静无为"为宗旨,原则上当然都要建立在"不动心"的基础上,那是毫无问题的。等而下之,例如后世道家的神仙丹道派谈修为、修养,所谓"攒簇五行""还丹九转"的方法,都是先锻炼好精气神,做好筑基的功夫。而筑基功夫的大原则,还是以"不动心"为主。丹道家所谓"开口神气散,意动火工寒",便是描述动心的作用。

现在再来看看理学家们"不动心"的学问与修养。由宋代兴起理学开始，经过百年，其间的学者大儒很多，讲心性修养的微言妙论也太多了，我们只是"任凭弱水三千，我只取一瓢饮"。换言之，也只找一个"不动心"的最明显的例子来说，所以便采用《明儒学案》中罗近溪的一段。

罗先生是王学的后起之秀，也可以说是王阳明门下杰出的大儒。所谓王阳明的姚江心学，有两位特出的人物：一位是王龙溪，一位便是罗近溪。不过，到了罗近溪的时代，王学已近末流，同时明朝的政权历史也将近尾声。一般认为，王学到了末流已近于禅，好像不能算是正规的儒家理学。其实，这是门户之争、派系之见的论调，亦是以真儒自我标榜的攻讦之说，也就是正学与伪学、真儒与伪儒在思想意见上争斗的丑陋相，事出题外，就不多做讨论了。

在这里，我们只说罗近溪一生中有一段相当长的时间都在做"不动心"的功夫。《明儒学案》摘录他经历的一段话。

又尝过临清，剧病恍惚，见老人语之曰："君自有生以来，触而气每不动，倦而目辄不瞑，扰攘而意自不分，梦寐而境悉不忘，此皆心之痼疾也。"

先生愕然曰："是则余之心得，岂病乎？"

老人曰："人之心体出自天常，随物感通，原无定执。君以夙生操持，强力太甚，一念耿光，遂成结习。不悟天体渐失,岂惟心病,而身亦随之矣。"

先生惊起,叩首,流汗如雨,从此执念渐消,血脉循轨。

这一段话,记录罗近溪中年做学问、讲修养,极力克念制欲,朝"不动心"的方向去做,结果弄得一身是病,身体僵化。用现代医学的观点来说,他患了神经麻痹症,全身僵硬,麻木不仁。经过一位高明之士的指点,他惊出一身大汗,病就好了。这是黄梨洲先生编《明儒学案》上的简录。

我在另一书上所看到的是,他在似梦非梦中听了那个老先生的话后,这一惊,汗出如雨,湿透重衾,从此病就好了。所谓"湿透重衾",就是说出汗太多,湿透了被褥。但是这位梦中指点他的高人却不肯留名,罗近溪再三问他,他只说是泰山丈人而已。因此这也成为同时代的学者攻击罗近溪的借口。因为在那个时代,这一类什么丈人、什么先生等称呼,不是道家仙家的代号,便是在家学佛者的别称。罗近溪的一生,接近佛道两家的奇人异士很多,这些都可作为忌妒他、攻评他是伪学的证据。千古学者们的猜忌、相轻相攻,有时比起一般没知识的人因利害而互相攻击还要可怕。看通看穿了的人,及早拔足抽手,以免落进旋涡而不能自拔。

我们引用罗近溪的例子,可以看出他的修行弄得心身皆病。一般人的许多病痛,都与心理作用有密切的关系,要讲究养生的人必须了解这一点。这里举出罗近溪的目的，是希望不要把孟子"不动心"这一句话，再像罗近溪一样，弄错了方向。

再说，即如佛道两家讲修养功夫的人，也是一样需要注意。一般人标榜"无念"的观念，大多都是根据《六祖坛经》上断章取义而来的，以讹传讹，误己误人。其实，六祖对自己所谓"无念"一词，做过更深一层的解释，所谓"无者，无妄想；念者，念真如"，并不是说要做到如木头石块一样的什么心都不动。

还有更好的例子，在《六祖坛经》上记载着一则公案。当时，北方有一位卧轮禅师，专门注重对境无心的不动心修持，当然他也有相当功力心得了。所以他作了一首偈子说：

卧轮有伎俩，能断百思想。
对境心不起，菩提日日长。

这首偈子，由北方传到了曹溪南华寺。六祖听到了，生怕一般学人弄错了方向，他不能不开口了，因此就说他也有一首偈子：

慧能没伎俩，不断百思想。

对境心数起，菩提作么长？

在六祖的这首偈语里，很明白地告诉大家，对境可以生心，但必须在纷杂的思虑中始终不离无思无虑的奥妙，那就不妨碍道业了。至于透过千思万虑如何去认识无思无虑的道体，则是慧悟的关键所在了。

所以自六祖以下的唐宋禅师们，很多都强调处在流俗鄙事之间，日用应酬、鸦鸣鹊噪，无一而非道场，并非如木石一般的"不动心"才算是修道。

（选自《孟子与公孙丑》）

为情所困

一般的宗教,除了牧师不管外(因为牧师可以讨老婆有孩子),天主教的神父、修女,佛教的和尚、尼姑等,这些宗教,有一个重点,多数主张离开情跟欲,离情弃欲,都是禁欲的,尤其是男女的关系,是禁止的,情也要禁止。

但是这个情怎么样禁止?很难。所以我常常引用清朝一个诗人的两句诗,非常有意思,"无情何必生斯世",无情何必生在这个世界,换句话说,这个世界上的生命就是有情;"有好终须累此身","有好",一个人平生有嗜好的,一定拖累自己。假使有个人说,我什么嗜好都没有,我就是喜欢研究学问,喜好读书。对不起,这个也是嗜好,只要有一点嗜好的话,就拖累自己了。所以这个情是什么东西,性是什么东西,就值得研究了。

性是人性,譬如一句俗话,"一娘生九子,九子各不同",一个母亲如果生九个孩子,兄弟姐妹每个人个性都不同。你说完全是遗传吗?完全是那个基因变来的吗?这个里头讲唯物的话，那个基因就有几种分类喽。现在你问一个研究基因的医生基因有几种分类，我想他一下子答不出来。

生命不一定是基因，后面还有东西，目前讲基因，只晓得把身体里头的细胞抽出一个，可以复制一个人，只知道这里。那么是什么东西变成细胞的？最后面的功能是什么？还不知道。

但是一对父母所生的儿女，每个个性不同，这不是完全遗传的关系，也不是完全环境教养的关系。个性不同，这个叫性。情绪的不同，就是我们讲的脾气不同，这是所谓的情了。兄弟姐妹个人爱好不同是性，脾气不同是情。

这个"情"字，连带了生理问题，生理不健康，影响了喜怒哀乐。譬如容易发脾气，或容易内向，或容易冲动，这个是情，不是性。所以真讲修养的，把性情先要分清楚，认识清楚。

"人之生也，非情之所生也"，人生下来有生命的时候，不是因为情而生的呀！如果我们现在论辩，说男女有感情而结合才有人的话，为什么说非情之所生呢？"生之所知"，我们生来的时候，那一点灵知之性，那一点能知道的这个"能"，"岂情之所知哉"！哪里是情所能够知道的啊！

《礼记》中，始终把人分成两部分来研究，就是性与情两部分。性是人性的性，本性，灵知之性。我们人有思想，有知觉，这个不是感情的作用，这叫作性；而喜怒哀乐，悲欢离合，这是情。能知一切的灵知之性本身，并没有喜怒哀乐悲欢离合的，所以这两个要分开。现在郭象说的这个"性"，是"人之生"，所以说，"岂情之所知哉"，与情没有关系。

"故有情于为"，所以他说，一个人有情，被喜怒哀乐、悲欢爱恶的感情所困扰，就是我们现在讲爱，我爱你你爱我，爱得要死那个爱。这个爱就是情。"故有情于为"，这是有为的作用，心里有所为。"离旷而弗能也"，一个人被感情所困，心的那个光明伟大作用，困住在一小点上；虽然想要把它解开扩大，心境想要如何伟大，思想上要如何伟大，要空，要超出三界，但都不可能，做不到的。"然离旷以无情而聪明矣"，如果我们修养到心境离开感情的困扰，心中不被喜怒哀乐爱恶欲某一小点所困住，而非常旷达而逍遥，那时智慧就开了，这才真叫作大聪明。

"有情于为贤圣而弗能也，然贤圣以无情而贤圣矣。"普通的人，只要被感情所困扰，心中有了喜怒哀乐偏见的感情，要想修行达到圣贤的境界，那是永远做不到了，就是"于为贤圣而弗能也"。那么所谓得道的圣贤，就根本是个无情的人啰！要做到无情才能成圣贤啰！"岂直贤圣绝远，而离旷难慕哉！"因此，我们可以了解，真正的圣贤是很难做到的。

圣贤之所谓无情,是没有欲界的这些情,没有世俗的小情;圣贤有的是大情,是大慈大悲圣贤的情;所以说"岂直贤圣绝远,而离旷难慕",心境的开阔旷达,包罗天地万象,就是圣贤的境界。他说"难慕哉"!你虽然心中很仰慕,但是修养却很难达到这种境界。

"故婴儿之始生也,不以目求乳,不以耳向明,不以足操物,不以手求行。岂百骸无定司,形貌无素主,而专由情以制之哉!"所以他举了一个例子,什么叫作不用情呢?人的心境能够修养到婴儿的状态,一百天以内的婴儿,勉勉强强说一岁以内,头顶囟门还在跳,还不会讲话才算婴儿。婴儿长大一点,有了一点意识就不算了。"不以目求乳",婴儿刚生下来,他不用眼睛看妈妈的奶,用眼睛看是后天的作用,婴儿是用人性天生那个灵感,晓得妈妈的奶在那里,就会偏过来吃奶,这就是灵府。"不以耳向明",婴儿不需耳朵看东西;"不以足操物",用不着脚当手用拿东西;"不以手求行",不用拿手来当脚用。换句话说,婴儿他全身都是功能。

所以一个人,修养到心中没有杂念,没有妄念;情是妄情,佛家叫作妄想,意识没有这些后天加上的思想,完全恢复到婴儿清静无为的状态,这时生命的功能就整个发出来了。《楞严经》讲六根都可以互用,那么鼻子可以当眼睛看,耳朵可以当眼睛用了，全身各种各样都是功能，这个就叫作神通。神通也就是神，生命的精气神，恢复到原始完全的状态，就是神通。

（选自《南怀瑾讲演录：2004—2006》《庄子諵譁》）

乐天知命就不烦恼了吗

仲尼闲居,子贡入侍,而有忧色。子贡不敢问,出告颜回,颜回援琴而歌。孔子闻之,果召回入,问曰:"若奚独乐?"回曰:"夫子奚独忧?"孔子曰:"先言尔志。"曰:"吾昔闻之夫子曰'乐天知命故不忧',回所以乐也。"

从这一段我们就知道,一个人要会说话。我常常感觉年轻同学不会说话,譬如年轻人对长辈会说"喂!你告诉我""老师,你给我讲"等。我为什么要告诉你啊?我为什么跟你讲?他们问话、讲话都很讨厌。我反而觉得外国同学问问题,多半问得有道理。有人有时候说"老师我向你请教",已经错了;"老师你教我",就对了。"请教"是对外面不相干的人,或者对平辈;跟我同辈可以称兄道弟的朋友,他谦虚用"请教";学生向老师用"请教"二字就用错了。真是我们文化的耻辱。

你看孔子师生之间的教育。"仲尼闲居",闲居并不是闲着没事,事情很多很忙,刚刚有空坐下来。"子贡入侍",你们注意这四个字,整个东方,包括日本、韩国、越南,在东方文化之下,都是这个礼貌。古代重师道,像孔子那个时代,都是席地而坐的,席就是现在所谓"榻榻米",榻榻米是席的改良。这个时候学生进来是站在旁边,不敢坐下来,除非老师有命令。佛家也是如此,沙弥不可以坐高广大床。达赖登位的就职典礼叫作"坐床大典",那个就是高广大床,因此你就懂了不坐高广大床的道理。

　　子贡看到老师坐在那里,"而有忧色。子贡不敢问,出告颜回",老师脸色不对,皱着眉头,心里很痛苦的样子,子贡也不敢问,马上出来就告诉了他的师兄颜回——孔子的大弟子。老师有烦恼,我又不敢问,怎么办呢?你去问问吧!孔子的威德庄严常使弟子们不敢讲话。

　　"颜回援琴而歌。孔子闻之,果召回入",既然老师不高兴,颜回也不去问,反而去弹琴唱歌。孔子听到了,马上吩咐子贡,你叫颜回进来。"问曰:'若奚独乐?'"他问颜回:你一个人唱歌作乐,怎么那么高兴啊?"回曰:'夫子奚独忧?'"颜回说:老师你为什么烦恼呢?意思是你的烦恼也跟我们讲讲嘛!你看师生之间这个对话,也可以看到孔子的教育是那么自然。

　　"孔子曰:'先言尔志。'"孔子说:先说说你为什么那么高兴,你最近没有向我报告心得。颜回答复说:"吾昔闻之夫子曰'乐天知命故不忧'。"这是孔子告诉颜回的，《论语》里也提到，也是中国文化的精神。"回所以乐也"，颜回说：老师啊！这是你教我们的修养，一个人做到乐天，相信自然，生死都不管，该如何便如何，所谓生死有命，富贵在天，心里没有什么烦恼，所以我才高兴。

"乐天"这个"天"不是代表上帝，不是宗教的天，拿佛学来说，是自性，相信一切皆是如来、自性，如来也是自性的另外一个名称。"知命"是知道生命的真理，那是因缘所生，有一定的道理。我们研究唯识就是知命，道修成功了，明心见性就是乐天。"乐天知命"四个字把人生的道理都讲完了，这个时候佛法还没有来。他说：你教我们修养到乐天知命，既然认得自性，那么人生除死无大事，生死都不怕，还有什么可忧愁的？所以我就高兴了嘛！他是讲自己的修养心得。

孔子愀然有间曰："有是言哉？汝之意失矣。此吾昔日之言尔，请以今言为正也。汝徒知乐天知命之无忧，未知乐天知命有忧之大也。今告若其实：修一身，任穷达，知去来之非我，亡变乱于心虑，尔之所谓乐天知命之无忧也。"

颜回说完就站在旁边，孔子听了以后"愀然"，就是眉毛一皱,"有间",就是过了一阵,"有是言哉",孔子说:我有这样讲吗?这一句话我现在也常常讲,有些同学不懂我的意思,常常说"老师说的……",我说:我有这样讲吗?可见人与人之间,语意始终难懂,教育非常难。"汝之意失矣",孔子说:你没有懂我的意思,你只了解了一半,就算我讲过这个话,也是我"昔日之言尔",那是我以前告诉你的;"请以今言为正也",现在我再给你讲一遍,你不要光认为乐天知命就是全部,那只是传你一半的话,禅宗所谓向下半提,不是向上全提。你现在仔细地听,你现在听我的正言,就是佛经里说的"谛听"。

"汝徒知乐天知命之无忧,未知乐天知命有忧之大也",注意哦,这与学佛修道参禅有莫大的关系,所以孔子是绝对大彻大悟的,是个入世的佛,等于维摩居士那个境界。他说:你啊,只记得我从前告诉你们一个人修养真达到乐天知命,是没有烦恼,可以出世,但是还不能真正入世;一个真正悟了道的人,烦恼比没有悟道的还大。佛家也有这个话,你以为出家就解脱了吗?"只说出家堪悟道,谁知成佛更多情",这是六世达赖在情歌里说的。所以观音菩萨及一切佛菩萨大慈大悲,就是多情嘛,普通人爱一两个,乃至爱一百个也不过一百个,佛与菩萨则爱三千大千世界所有一切众生,这个叫大慈悲。

真正学佛第一步是发大悲心，你们现在小悲心都没有，怎么学佛啊？光晓得盘腿，自己要悟道，悟个什么道？悟个食道，光想吃，大悲心都没有发起，能够悟道吗？孔子说你只晓得乐天知命，了了生死，无忧无虑，那是罗汉境界。你只晓得生死没有什么可怕，世界上哪还有什么可怕的事！不晓得大彻大悟的人，那种悲天悯人、忧世忧民、要救世救人的大悲情怀，担子挑得更重啊！所以孔子进一步说明。

先解释第一步，就是自了汉罗汉境界，不过你们能做到已经不容易。"今告若其实"，孔子说现在把修道、修养、做学问的过程给你讲，"修一身"，只晓得修自己的一身，只是先修自己。大学之道，正心、诚意、修身。讲到修身，大家现在讲要发菩提心，发慈悲心，但发不起来。"任穷达"，我们大家学道都只管自己，了了生死，悟了道，穷也好，不怨天，不尤人，这是命也。命不好，做叫花子只管自己；或者达也好，做大官，做大事，发大财。就是孟子的话，"穷则独善其身"，一个知识分子不得志没有关系，修道管自己；"达则兼善天下"，机会来了，上了台，得意了，兼善天下，所作所为利世界、利天下，这是知识分子应有的修养态度。"知去来之非我"，晓得父母生下的这个我不是真我，是假我，真我不在这个肉体上。我们从生下来的第一天、第一个月开始，一步一步老下来，一个月比第一天老，十二岁比一岁更老了，身体都变换了,都不是真的我。死去是回去休息休息,休息了再来。了了生死的,知道这个来来去去的有形生命等于今天借住的房子一样,明天又另住到别处了,这个房子塌了就搬家,去来都非我。"亡变乱于心虑",外界的环境好也好,坏也好,时代环境的变乱跟我都不相干,空了嘛,这是罗汉境界,完全空了,到了这个境界修养多高啊,这叫作乐天知命。

但是孔子在当时就称这是"自了汉",中国文化乃至东方文化,说明是如此。"修一身,任穷达,知去来之非我,亡变乱于心虑",这是空的境界;"尔之所谓乐天知命之无忧也",这就是你颜回现在的修养境界,你所认为的乐天知命就是这样的。

(选自《列子臆说》)

诸葛亮的抉择

从人们的心理意识来讲,一个人如果把心一定下来,当然便有一种较为宁静的感受。尤其人的生活,每天活在极度的忙碌紧张当中,只要能够得到片刻的宁静,就会觉得是很大的享受。但也不一定,有些人习惯于忙碌紧张的生活,一旦宁静无事下来,反而觉得无比寂寞,甚至自生悲哀之感。在人群社会中,这种人的比例,比爱好宁静的人至少超过三分之二。

那么,只有那些学者、文人、艺术家、科学家、诗人,才是爱好宁静的啰?其实不然,这些人的思想意识和情绪变化,也非常忙碌,并无片刻的宁静,只是并不太注重外物的环境,而习惯于一种相似的"定"境之中。有时,忽然撞着一个特别的知觉或感觉,那便是一般人所说的灵感、直觉,甚至叫它直观。其实,始终还跳不出意识的范围,并不是真正的宁静中来。

那么,有人提出问题来了!他说,诸葛亮的千古名言"淡泊明志，宁静致远"，这总算是真正的宁静吧？差不多了！不过，你需要特别注意，孔明先生这两句话的要点，首先在于"淡泊明志"的"淡泊"上，既然肯淡泊，而又甘于淡泊，甚至享受淡泊，那当然可以"宁静致远"了！一个人淡泊到了如孔子所说的"饭蔬食，饮水，曲肱而枕之""不义而富且贵，于我如浮云"，那当然是人生修养达到一种高度的宁静意境。

孔明一生的学问修养，就得力在这两句心腹之言，所以隆中决策，已明明知道汉末的局势，必定只有天下三分的可能，但他碰到了穷途无所定止的刘备，要使他在两强之间站起来。又很不幸，碰到一个天下第一号的庸才少主，永远扶不起来的阿斗。无论在当时或后世，如果甘于三分天下，抱着阿斗在蜀中安安稳稳地过一生，你想，他的生平历史，又是一个怎样的描写呢？所以他只有自求死得其所，六出祁山，鞠躬尽瘁，正所以表明他的"淡泊明志"的本心而已。

后人说孔明不听魏延出子午谷的提议是他失策，所以陈寿对他的定评，也说他善于政治，而不善于用兵。殊不知他早已知道尽他一生的时势，只有三分之一的定局。祁山六出，目的只在防卫西蜀，并不在侥幸的进取攻击。我知，敌人也知，而且对手并非弱者。如果出子午谷，胜算并不太高。假使由魏延向这一路线出兵，万一他中途叛变，孔明势必腹背受敌，恐怕一生英名，毁于一旦而不得死所，所以否定这个计划。

这是"宁静致远",正是诸葛亮之所以为"亮"也。他的用心,唐代诗人杜甫也早已看出来了,所以杜诗赞诸葛亮,便有"志决身歼军务劳"之句。身歼,便是他要以身死国的决心。

（选自《原本大学微言》）

诗人们的修心与养气

中国读书人每每喜谈"养气",有时还劝人:"心平气和,多养气啊!"养气这功夫可真难。我们试看宋末元初方回的一首诗,就知道养气之难了。

万事心空口亦箝,如何感事气犹炎。
落花满砚慵磨墨,乳燕归梁急卷帘。
诗句妄希敲月贾,郡符深愧钓滩严。
千愁万恨都消处,笑指邻楼一酒帘。

他第一句诗说"万事心空口亦箝",本来把万事都看空,把世间一切都看透了,自己把嘴巴也封起来了,对人对事都不再去批评讨论了。"如何感事气犹炎",可是一碰到什么事情,气就来了。就像讲究养气的人打坐,原来在座上,心平气和挺好的,可是一碰到不对劲的事情,就发怒了。"落花满砚慵磨墨",这第三句有浓郁的文学意味,本来想写写字、作作画的,可是一阵微风过处,落花片片,有几瓣飘飞入窗,刚好掉落在砚池中托身。见到这砚池中落花沾墨，又是一种情思，而打消了写字作画的念头，连墨也懒得去磨了。这就是受了外境的影响而移转了自己的心意，虽然人好像懒了，但还是心动气浮，几片落花就影响了自己。可见这和孟子说的"持其志，无暴其气"的七字"真言"就不相符合了。

"乳燕归梁急卷帘"，这第四句的写景也颇美：一双筑巢在梁上的燕子生的乳燕，初出窠巢试飞，倦了归来时，帘子挡住了它们的归路，自己又急忙去把帘子拉起来。虽然是一个善意的举动，但到底还是动心了。

第五句"诗句妄希敲月贾"，这是描写作诗的好胜之心，"好胜"也是气动。这句诗中"敲月贾"三字是有典故的。唐时有一个著名诗人贾岛，他有一次作诗，其中有一句是"僧推月下门"，后来又想想其中"推"字不大好，而改为"敲"字，成了"僧敲月下门"。但是究竟用"推"字好，还是"敲"字好呢？决定不下，于是在走路的时候，他边走边反复吟诵，不知不觉就撞了韩愈的驾。那时韩愈是大官，正骑在马上，卫士们当然把贾岛抓来。韩愈一看是个秀才，就问贾岛走路为什么莽莽撞撞的。贾岛说：因为我正在一心作诗，所以没有注意到。韩愈听到这个人会作诗，大感兴趣。贾岛说明内容，韩愈大为赞赏，而且主张用"敲"字。于是贾岛的诗名大起，名满长安了。后来把斟酌文字称作"推敲"，就是从这个故事来的。我们知道了这个故事,就知道方回这句诗的意思就是作诗时也是求好心切,望胜的心大了。

第六句"郡符深愧钓滩严",这是坦率说自己养气功夫的不行,遇事仍会动心。严子陵是东汉光武帝刘秀的好朋友,光武中兴,刘秀当了皇帝,找严子陵来做官,严子陵不但不去,反而躲到富春江上,穿件蓑衣,戴个斗笠,在江边钓鱼。但是方回接到郡守的任命状就高兴起来,回头一想到严子陵的高风,反而感到惭愧了。

我们记得公孙丑问孟子,假使在齐国当政功成名遂时动不动心,孟子说不动心。现在方回对一张任命状都动了心,这又是说明养气之难了。以诗论诗,这首诗第五、六两句都不算高明,喜欢用人名来押韵,是学苏东坡的作诗技巧。但苏诗这种技巧,并不足以取法。

最后两句"千愁万恨都消处,笑指邻楼一酒帘",这是他的结论,最后想想,人生还是不要动气,不必动心。不过他的不动心、不动气,是要靠隔壁那家的酒来帮忙的,这不是要靠酒醉来自我消气吗?

所以我常说,中国的哲学思想很难研究,因为多半都包含在诗词与文学作品之中。我们看方回这首题为《春半久雨走笔》的七律,句句都含着哲学思想。

事实上,唐宋以后的士大夫们讲究静坐的,学习吐纳的,做炼气、养气功夫的非常多，我们随便举几个大家耳熟能详的人，如唐朝白居易有首诗：

自知气发每因情，情在何由气得平。
若问病根深与浅，此身应与病齐生。

这完全是他养气功夫的报告，他说自己明明知道气动的时候一定是受了感情的影响，是心动而同时气动。所以在没有修到无心地、尚有我此心时，则必因情而动心，心动就气动，那么气也就没法养得平了。如果要问容易动气的毛病有多大的话，老实说，当你一出生，有了这个生命的时候，这个动心、动气的毛病就有了。因此他又有一首诗说：

病来道士教调气，老去山僧劝坐禅。
孤负春风杨柳曲，去年断酒到今年。

一面在修心养气，一面又在动心惹气，看来蛮好笑的。又如宋朝苏东坡的诗：

析尘妙质本来空，更积微阳一线功。
照夜一灯长耿耿，闭门千息自濛濛。

他说这是一个物理世界,我们予以层层分析,分析到像微尘那么微细,再去层层剖析,到最后,它里面的中心则是空的。现代的自然科学,已经证明了苏东坡所引用的这项佛家理论的真实性。所谓原子、核子、中子等,剖析下去,最后的中心是空的。而这本来的虚空,又因"更积微阳一线功"——这又是我国传统文化《易经》的道理。本来世界就是虚空的,只是因为一点点阳能持续回复的作用而奏功,由虚空产生了万物万有。认识了这一项真理,在晚上一盏孤灯之下打坐,把心念之门关上,千念万虑都摒诸心门之外,于是气息平静,久久都在一种濛濛然的氤氲状态之中,自由自在,舒适安详了。本来苏东坡很喜欢研究佛道两门的学问修养,而且也有点实践的小功夫,所以在他的这首诗里,对养气的功夫做得好像较有进步;但是他在狱中作的诗有"梦绕云山心似鹿,魂飞汤火命如鸡",不免又动心惹气而不安了。

还有陆放翁的词里也说:"心如潭水静无风,一坐数千息。"所谓潭是指山中小溪流经之处有一较宽阔的深水聚处,天然有调节溪流水位的作用,在溪流中称为潭,如台湾的日月潭、碧潭、鹭鸶潭等。放翁在词中说,养心养气要养到像没有丝毫风吹的潭水,水面上没有一丝涟漪,平静得如同镜子一般,这样一坐下来,就连续数千息。一呼一吸称为一息。平常人打起坐来,心念平静的时候,呼吸是非常缓慢轻微的,甚至好像不在呼吸，而勉强去分辨，一息可能至少要三四秒钟。而在这心如止水的平静之中，一坐可以数千息之久，也是很不容易的。陆放翁的"一坐数千息"，是在静坐中做数息观的老实话。

心理专注出入息的次数，便是佛家讲修养方法的专注一缘、系心一缘，也就是与孟子所谓"持其志，无暴其气"的原则相同。我们读了陆放翁的这些词句，便知道他晚年也讲究养气的功夫，这和他少年时代"早岁那知世事艰，中原北望气如山"的气概虽然同样是使气任性，但此时的数息养气当然不是少年时代壮气凌云一般粗放了。如果以人生的经历和心情来讲，他写"一坐数千息"的词句应该在他再过沈园时写下面这首之后了。

梦断香销四十年，沈园柳老不吹绵。
此身行作稽山土，犹吊遗踪一泫然。

如此论断都是想之当然的事，而放翁毕生的意气却是至死不衰，所以才有下面这首诗表达的临老的庄严壮气。

死去元知万事空，但悲不见九州同。
王师北定中原日，家祭无忘告乃翁。

这些虽然都是文学上的气概,但文字、语言与意气之间却是息息相关、不可分割的。

从这些唐宋文学名人的作品中,可以知道养气之难。这个养气,也就是孟子所讲的与不动心相配合的养气,需要大勇。像文天祥这类的人才可以谈得上正气,所以这也可以说是"难言也"的原因之一。

(选自《孟子与公孙丑》)

了不可得安心法

神光为了求法斩断了一条左臂，因此赢得了达摩大师严格到不近人情的考验，认为他是一个可以担当佛门重任，足以传授心法的大器，便对他说："过去一切诸佛，最初求道的时候，为了求法而忘记了自己形骸肉体的生命。你现在为了求法，宁肯斩断了一条左臂，实在也可以了。"于是就替他更换一个法名，叫慧可。

神光便问："一切诸佛法印，可不可以明白地讲出来听一听呢？"达摩大师说："一切诸佛的法印，并不是向别人那里求得的啊！"因此神光又说："但是我的心始终不能安宁，求师父给我一个安心的法门吧！"达摩大师说："你拿心来，我就给你安。"

神光过了好一阵子才说："要我把心找出来，实在了不可得。"达摩大师便说："那么，我已经为你安心了！"

这便是中国禅宗里有名的二祖神光求乞"安心"法门的公案。一般认为神光就是在这次与达摩大师的对话中悟得了道。其实，禅宗语录的记载，只记叙这段对话，并没有说这便是二祖神光悟道的关键。如果说神光便因此而大彻大悟，那实在是自误误人了。

根据语录的记载，神光问："诸佛法印，可得闻乎？"达摩大师只是告诉他"诸佛法印，匪从人得"。也就是说，佛法并不是向别人那里求得一个东西。因此启发了神光的反躬自省，才坦白说出"反求诸己"以后，总是觉得此心无法能安，所以求大师给他一个安心的法门。于是便惹得达摩大师运用启发式的教授法，对他说："只要你把心拿出来，我就给你安。"

不要说是神光，谁也知道此心无形相可得，无定位可求，向哪里找得出呢？因此神光只好老实地说："要把心拿出来，那根本是了无迹象可得的啊！"大师便说："我与汝安心竟。"这等于说，此心既无迹象可得，岂不是不必求安，就自然安了吗？换言之，你有一个求得安心的念头存在，早就不能安了。只要你放心任运，没有任何善恶是非的要求，此心何必求安？它本来就自安了。

虽然如此，假使真能做到安心，也只是禅门入手的方法而已。如果认为这样便是禅，那就未必尽然了。

除此以外，其他的记载，说达摩大师曾经对神光说："外息诸缘，内心无喘。心如墙壁，可以入道。"神光依此做功夫以后,曾经以种种见解说明心性的道理,始终不得大师的认可。但是大师只说他讲得不对,也并没有对他说"无念便是心体"的道理。

有一次,神光说:"我已经休息了一切的外缘。"大师说:"不是一切都断灭的空无吧?"神光说:"不是断灭的境界。"大师说:"你凭什么考验自己,认为并不断灭呢?"神光说:"外息诸缘以后,还是了了常知的嘛!这个境界,不是言语文字能讲得出来的。"大师说:"这便是一切诸佛所传心地的体性之法,你不必再有怀疑了。"

有些人认为这才是禅宗的切实法门,也有人以为这一段的真实性,值得怀疑。因为这种方法,近于小乘佛法的"禅观"修习,和后来宗师们的方法,大有出入,而达摩大师所传的禅,是大乘佛法的直接心法,绝不会说出近于小乘"禅观"的法语。

其实,真能做到"外息诸缘,内心无喘",就当然会内外隔绝而"心如墙壁"了。反之,真能做到"心如墙壁",那么"外息诸缘,内心无喘"自然就是"安心"的法门了。所以神光的"觅心了不可得",和达摩的"我与汝安心竟",虽然是启发性的教授法,它与"外息诸缘"等四句教诫性的方法,表面看来,好像大不相同;但事实上,无论这两者有何不同,都只是禅宗"可以入道"的方法,而非禅的真髓。换言之,这都是宗不离教、教不离宗的如来禅,也就是达摩大师初来中国所传的如理如实的禅宗法门，道地笃实，绝不虚晃花枪。这也正和大师付嘱神光以四卷《楞伽经》来印证修行的道理完全契合而无疑问了。现在人谈禅，"外着诸缘，内心多欲。心如乱麻，哪能入道"呢！

（选自《禅话》）

黄庭坚的开悟

佛说般若波罗蜜,即非般若波罗蜜,是名般若波罗蜜。这其中还有一层意义,我们需要了解;因为佛讲这个大智慧成就,般若波罗蜜,就是智慧到彼岸,所以有些学佛的人,就天天去求智慧。般若波罗蜜,即非般若波罗蜜,成佛的那个智慧,不要向外求啊!它并不离开世间的一切。世间法就是佛法,任何学问,任何事情,都是佛法,这一点要特别了解,千万不要认为般若波罗蜜有一个特殊的智慧,会一下蹦出来开悟,很多人都有这个错误的观念。

佛告诉你般若波罗蜜,即非般若波罗蜜,是名般若波罗蜜。一切世间的学问、智慧、思想,一切世间的事,在在处处都可以使你悟道,所以禅宗悟道的人,有几句名言:"青青翠竹,悉是法身。郁郁黄花,无非般若。"般若在哪里?到处都是。中国的禅宗,专以《金刚经》为主体,有人因而开悟,并不是念《金刚经》开悟,很多人随时随地开悟,这是开悟以后讲出来的话。

其实，我们现在看马路上，车如流水马如龙，那个就是般若，你看到了，了解了，当下悟道，也就是"青青翠竹，悉是法身"，到处都是这个不生不死的法身。"郁郁黄花"是形容之词，开的是韭菜花也行，也无非般若。他说在看花中就能悟道了，在风景中也能悟道，就能成佛。这些就是禅宗的公案。

宋朝与苏东坡齐名的一位诗人，名叫黄山谷，跟晦堂禅师学禅。他的学问好，《金刚经》更不在话下，但是跟了三年还没有悟道。有一天，他问晦堂禅师，有什么方便法门告诉他一点好不好。等于我们现在年轻人呀，都想在老师那里求一个秘诀，这样他马上就可以悟道成佛了，黄山谷也一样。晦堂禅师说：你读过《论语》没有？

这一句话问我们是不要紧啊！问黄山谷却是个侮辱，古代读书人，小孩时代就会背《论语》了。既然师父问，黄山谷有什么办法，只好说：当然读过啦！师父说：《论语》上有两句话——"二三子以我为隐乎？吾无隐乎尔！"二三子就是你们这几个学生！孔子说：不要以为我隐瞒你们，我没有保留什么秘密啊！早就传给你们了。

黄山谷这一下脸红了，又变绿了，告诉师父实在不懂。老和尚这么一拂袖就出去了，黄山谷哑口无言，心中闷得很苦，只好跟在师父后边走。这个晦堂禅师一直走，没有回头看他,晓得他会跟来的。走到山上,秋天桂花开,香得很,到了这个环境,师父就回头问黄山谷:你闻到桂花香了吗?文字上记载:"汝闻木樨花香么?"

黄山谷先被师父一棍子打蒙了,师父在前面大模大样地走,不理他,他跟在后面,就像小学生挨了老师处罚的那个味道,心里又发蒙;这一下,老师又问他闻没闻到木樨桂花香味!他当然把鼻子翘起,闻啊闻啊!然后说:我闻到了。他师父接着讲:"二三子,吾无隐乎尔!"这一下他悟道了。所谓般若波罗蜜,即非般若波罗蜜,是名般若波罗蜜。

他悟道以后,很不得了,官大、学问好、诗好、字好,样样好,道也懂,佛也懂,好到没有再好了,所谓第一稀有之人。第一稀有就很傲慢,除了师父以外,天下人不在话下。后来晦堂禅师涅槃了,就交代自己的得法弟子,比黄山谷年轻的黄龙死心悟新禅师说:你那位居士师兄黄山谷,悟是悟了,没有大彻大悟,只有一半,谁都拿他没办法,现在我走了,你拿他有办法,你要好好教他。黄龙死心悟新马上就通知,叫黄山谷前来,告诉他,师父涅槃了,要烧化。

当和尚死了,盘腿在座上抬出去,拿火把准备烧化时,得法的弟子,站在前面是要说法的。这个时候,黄山谷赶来了,一看这个师弟,小和尚一个。黄龙死心悟新虽然年轻,却是大彻大悟了的,比黄山谷境界高,又是继任的和尚,执法如山。

黄山谷一来，黄龙死心悟新拿着火把对这位师兄说：我问你，现在我马上要点火了，师父的肉身要烧化了，我这火一下去，师父化掉了，你跟师父两个在哪里相见？你说！黄山谷答不出来了。是呀！这个问题很严重，师父肉身化掉了，自己将来也要死掉的，两个在哪里相见？

你们在座大家也说说看！有人一定说西方极乐世界见面，黄山谷不会那么讲。不要说别的，我们大家坐在这里，都是现在人，你们大家回去，夜里睡着了，我夜里也睡着了，我们在哪里相见？就是这个问题。

这一下，黄山谷答不出来了，不是脸变绿，是变乌了，闷声不响就回去了。接着倒霉的事情也来了，因为政治上的倾轧，皇帝把他贬官，调到贵州乡下地方，当个什么小职员。从那么高的地位，一下摔下来，一般人怎么忍受啊！

所谓无为福胜，倒霉了，他正好修道。在到贵州的路上，有两个差人押着去报到，差人怕他将来又调高官，也不太为难他，他就沿途打坐，参禅。有一天中午很热，他就跟这两个押解的人商量，想午睡休息一下。古人睡的枕头是木头做的，他躺下去一下不小心，那个枕头嘣咚掉在地下，他吓了一跳，这下子真正开悟了。他也不要睡觉了，立刻写了封信，叫人赶快送到庐山给黄龙死心悟新禅师。他说：平常啊，我的文章，我的道，天下人没有哪个不恭维我，只有你老和尚（现在叫他师弟老和尚,客气得很啦!)不许可我,现在想来是感恩不尽。

所以啊,般若波罗蜜,即非般若波罗蜜。真正的,另一层的,我们从道理上解释,一切世间法都是佛法;学佛法,不要被佛法困住,这样才可以学佛。如果搞得一脸佛气,满口佛话,一脑子的佛学,你已经完了,那就不是般若波罗蜜了。

(选自《金刚经说什么》)

第四章

自在的活法

自在的活法

晏平仲问养生于管夷吾。管夷吾曰:"肆之而已,勿壅勿阏。"晏平仲曰:"其目奈何?"夷吾曰:"恣耳之所欲听,恣目之所欲视,恣鼻之所欲向,恣口之所欲言,恣体之所欲安,恣意之所欲行。夫耳之所欲闻者音声,而不得听,谓之阏聪;目之所欲见者美色,而不得视,谓之阏明;鼻之所欲向者椒兰,而不得嗅,谓之阏颤;口之所欲道者是非,而不得言,谓之阏智;体之所欲安者美厚,而不得从,谓之阏适;意之所欲为者放逸,而不得行,谓之阏性。"

晏子、管子两人都是齐国的名宰相,春秋时代第一个名宰相是管仲,就是管子,号夷吾。管仲比孔子还早约一百年,孔子对他是非常佩服的。后来一个宰相是晏子,比较后一点了,但是这里扯在一起,没有办法考证他们的年代关系了。这些子书讲起来中间差别很大,可以说道家喜欢作假托之文。管仲当宰相奢华得很,气派大,好享受,要吃好穿好,神气得不得了。晏子，名叫晏婴，号平仲，也当宰相，穷得不得了，清高得不得了，连衣服都是破的。所以这两个相反的就放在一起比较。

"管夷吾曰：'肆之而已。'"管仲是喜欢享受的人，他活得虽然不太长，但也并不短。他告诉晏平仲，人要活长啊，就放任自然，"勿壅勿阏"，不要压制欲望，自己的思想也不要压制，不要把它堵住，不要把它闭掉。

晏子说：你讲了半天，方法是什么呢？

管仲说，耳朵喜欢听的时候，就让它去听，想听歌就去听歌，不听歌的时候，法师讲经、唱赞，赶快跑来听经。有时候听烦了，跑到山里去听听高山流水的声音，去享受享受。眼睛要看就去看，鼻子要闻就去闻。他说用不着把自己身体的官能欲望压制得那么厉害。

管子的思想，放任自然，这个放任很不容易啊！我们要特别注意，我们刚刚看了管仲那么讲，要看就看，换句话说，难道我看到银行钞票，要抢就抢，不抢就不是养生之道了吗？看到馆子店好吃的，就要拿筷子夹一口，因为我要养生啊！管仲可不是这个意思，不要解释错了。如果我们只看道家这一段就会误解放任之道，这样的自由主义发展到极点，就变成个人主义，社会上太保、流氓乃至坏蛋就非常多。

管仲所讲的这个道理，拿什么来解释呢？唐宋禅宗经常用的一个名词,"任运自在",那你就懂进去了。所以,并不是放纵自己眼、耳、鼻、舌、身、意,让这些欲望乱发展,而是要自己非常宁静地听其自然。他说的两段意思相反,前面第一段讲眼睛要看美色,你就要看。我们青年人不要误解了,不是说男的要看女的,女的要看男的,丑的不要看,要看漂亮的,美色不是指这个。这是说耳目等五官的享受,听其自然,虽然是听其自然,但不可过分。譬如我要做好人好事,也有限度啊!你说一定要把自己弄得像梁武帝一样,卖给庙子,然后文武百官捐钱把他赎回来才算吗?这种行为不是皇帝的,也不是真正的学佛的人的,像小孩子一样。所以梁武帝始终成不了什么,就是这个道理。

　　管子又说:"凡此诸阙,废虐之主。去废虐之主,熙熙然以俟死,一日、一月、一年、十年,吾所谓养。拘此废虐之主,录而不舍,戚戚然以至久生,百年、千年、万年,非吾所谓养。"这里是重点。譬如我们老辈子读四书五经出身的,每人都标榜自己是儒家,实际上大家学的都是宋朝朱熹、陆象山的理学,规矩得很。这个话你们年轻人不容易体会到。所以我经常说,中国的理学家是佛教律宗的人,坐也规矩,行也规矩;要出去,祖宗前面敬个礼,回来敬个礼,规规矩矩。我在这些老师前辈的前面,就深深体会到理学家之可怕,也就是这一篇里头管仲所讲的,把自己的欲跟意志压制得死死的，一点活的生气都没有。

所以管子这一段反对假装、堵塞，非常有道理。"凡此诸阏"，故意把自己要看的不敢看，要听的不敢听，装那个死相，硬把自己堵起来。"废虐之主"，把自己的自由意志废掉了，虐待自己。"去废虐之主"，把心里头这些鬼心思拿掉，"熙熙然"。熙熙就是我们笑的声音"嘻嘻"，写成"熙熙"，形容一个人非常活泼自由，如沐春风中，一脸的自在相。"以俟死"，人生最后有一天要死，可是没有死以前还是高兴的、快乐的，脸上不要绷得那么紧。

我经常在街上看到，尤其到银行、办公的地方，每人都是债主的面孔。有个人说："老师啊，我在美国的时候，一个美国人好朋友对我说：'你从出生到现在会不会笑啊？'我才警觉到我这个脸孔太不对了，不会笑，像讨债面孔。"

所以要学着笑，人生何必摆起那个死样子啊？"一日、一月、一年、十年，吾所谓养"，活一天也好，一月也好，一年也好，十年也好，反正在没有死以前要快活自在，宗旨在这里，这个叫作养生。用不着吃维生素，你就是快乐的，这就是中国道家说的"神仙无别法，只生欢喜不生愁"，就会得道。所以你看从前的丛林，不管是显教还是密教的修行，已经传道给你了，一个大肚子的弥勒佛，哈哈地笑，弥勒佛前面一副对子——"大肚能容，容天下难容之事；开口常笑，笑世间可笑之人",就是先学笑。所以学佛的人先学弥勒佛,学道的人先是"熙熙然"。总而言之,没有断气以前一秒钟,我活得还是快活的,何必在那里担忧死了怎么办!

我们讲到杨朱代表管仲说的话,讲人生的境界,"拘此废虐之主,录而不舍",一个人非常拘束,虐待自己,把自己活着的生命变成一个残废人一样,让自己心中的这个观念做了主,始终不放下。"戚戚然",一天到晚愁闷不乐,这样地活着。包括我们修道,一天到晚忙得要命,尤其是后世道家思想,子午卯酉一定要打坐,饭也可以不吃,"以至久生",拼命求长生。不过我看了几十年,也没有看到一个修道的人能好好活得久的,不是因高血压就是因心脏病死了。练功夫的人都练到这个结果,管仲认为不是养生之道。"百年、千年、万年,非吾所谓养",假使把自己拘束得那么痛苦,一天到晚担心得要命,小心得要命,这样地活着,活一百年、一千年、一万年,在管仲的看法,不是养生之道。

这个话是不是管仲讲的无法考据,不过在历史上,管仲的作风是比较自由的放任主义,可是他不超过范围。

(选自《列子臆说》)

不怕情绪，只管知性

我们现在静坐起来，不管叫禅定也好，叫作功夫也好，反正是身心修养的方法，你把它简化一点，把宗教神秘的外衣脱掉就很简单了嘛！我这个生命活着，想要宁静下来，就是安详而已。可是闭起眼睛打坐，真能安详吗？不安详，心里头的情绪与思想乱跑，很闹热的。

我们读古书，《庄子》里头提到，外表静坐在那里，里面的思想念头停不了，他说这个是白坐了，以为自己在修道、做功夫、做修养，其实完全错误。他给了一个名称，叫"坐驰"，等于打坐起来，表面上说自己在打坐、修道，其实心里头却在开运动会，烦恼、情绪、思想统统停不了，都在乱跑，静不下来。你做一个功夫，或者炼气，或者观想，这些内在修养的方法，在佛学里头有八万四千个法门那么多；但不管用哪一种方法，只要念头静不下来，坐在那里就是在里头开运动会。

我们人有个知性，这个知性是很普通的。我们从妈妈肚子里生出来就晓得肚子饿了会哭，有感觉与知觉。感觉与知觉是怎么来的？就是这个知性，知道的这个功能没有变过。知性是一个问题，譬如我们静坐起来，觉得心里头的思想停不了，你怎么知道自己的思想停不了？就是因为自己的那个知性知道。"哎呀！好烦，我不要去想它。"你的知性知道，希望不去想它，可是又阻止不了这个思想。若是偶然给你碰着了，思想不动，可能是清净，也可能是糊涂。有一下很安静，在这刹那之间，哦，我得道了！其实没有得道，因为自己天生这个知性还知道这个时候是安静的，所以这一知就很重要了。

譬如平常你办公时，处理一件公文，这个生意要做不要做，批准还是不批准，除了思想的作用外，思想后面还有个东西，自己认为有问题，还是不敢做决定，向上面报告吧！这个就是知性的作用。这个知性是什么东西？这要另外研究了，至少要晓得思想后面有个知性。讲了半天，其实静坐起来，你不要怕思想，思想本空，妈妈生下我们到现在几十年，我们每一个念头、思想、情绪，想过多少事，喜怒哀乐经过多少次的演变，一个都留不住。喜怒哀乐也好，感觉知觉也罢，有一句话叫自性体空，它的本性是空的，你不要怕它。

你说：我因为家庭和工作，心里烦得很，我虽然知道自性体空，可是空不了啊！你已经知道了自性体空，那个"知道"它没有烦恼，我们自己知道。所以你上座一静下来的时候，一切烦恼思想不要去管它们，不要想去找一个办法把它们弄掉,你知道这是没有用的。譬如我们都晓得,不论你是科学家、艺术家,或是写文章的,专门想一个问题时,想让一个思想钉在那里不动,做得到吗?做不到的,它自己会跑掉,不过前一个思想跑了,后一个又追上了,连绵不断,像一股流水一样。我们看到流水永远在流动,实际上学科学的人就知道,流水跟电流一样,比如说电灯的灯光,我们看这个灯好像永远在亮,实际上不是,你开关一打开,前一秒钟这个光明已经散了,没有了,但是下一个光明又接上来,看起来永远是亮的;流水也是一样,我们看到一股水在流,实际上是一个一个水分子连接起来的。换句话说,我们的思想情绪也是一样,它是流动的,只有知道自己在烦恼的那个知性没有动。你静坐起来只管知性,不怕烦恼,不怕情绪,这是第一步。

如果这样做不到,就先管呼吸,利用呼吸替代这个妄想。但也不要故意去呼吸,先吸气,再哈气哈出去,这是调整身体的。要晓得我们从娘胎生下来前,本来胎儿在妈妈肚子里没有用鼻子呼吸,只靠脐带跟母亲的呼吸相连。生出来以后,嘴里一坨脏东西被护士挖出来,脐带一剪断,孩子就开口"啊"的一声。这不是哭哦,是气的问题,这一张口,空气进来了,然后开始呼吸了。我们呼吸是自然的,不要故意去做它,所有生物包括植物都在呼吸,其实矿物也有呼吸。这是大科学了,生命的科学。

呼吸为什么一定是一进一出？因为吸进来的是氧气，到了身体内部就变成二氧化碳，所以要交换，这是很自然的，不需要你特别加力量去练这个呼吸，那是另外一个功夫。刚才也讲过了，你静坐的时候，若是怕自己体认不到自性的这个妄想情绪本来是空的，就只好利用呼吸，把杂乱的思想慢慢清理干净，这个呼吸等于是吹风一样，把我们的思想灰尘吹干净。这些理论很容易听懂，做起功夫比较难。

讲到静坐修道这一方面，现在外面很流行、很普遍，各种各样的方法都有，千万不要乱相信。现在大概贡献给大家修养身心的方法，主要是心法，内心的心法，即思想、感觉、知觉要怎么办。

我有一本书叫《楞严大义今释》，把很深奥的佛经，配合西方思想哲学科学的道理，翻成白话讲出来。书里讲到我们静坐的时候心性杂乱，知觉与感觉去不掉。我有一首诗，用文学的境界来表达：

秋风落叶乱为堆，扫尽还来千百回。
一笑罢休闲处坐，任他着地自成灰。

"秋风落叶乱为堆"，秋天到了，掉下来很多树叶。我们在乡下住久了,所以晓得落叶在秋天是扫不干净的,你刚清理好,一回头又是一堆落叶掉下来。我们的感觉知觉、烦恼思想,这些念头一起来,你要它静,是静不了的。"扫尽还来千百回",这些树叶落下来,才刚一点一点扫干净,新的一批落叶又下来了,跟我们的思想情绪是一样的。"一笑罢休闲处坐",算了,不扫了,两眼一闭,两腿一收,两手一放,静坐吧。"任他着地自成灰",这些情绪、烦恼、思想,你不理它们,它们就没有了,何必费工夫去忙着扫它们呢?如果你做到这一步,就差不多了。

但是有人学佛看佛经,看了《金刚经》的"应无所住而生其心",或是知道过去空、现在空、未来空,就觉得自己念头空了,已经悟道了。你真悟了吗?你怎么晓得悟了?这不是又有了吗?这一知又有个东西,又是一片落叶了,而且是很大的落叶啊!不要这样认为,不是这个道理。

这里是举这首诗作为例子,说明思想情绪。要学中国文化的做功夫,是离不开文学的。所以我除了贡献大家之外,也请求诸位,有空多注重文学方面,可以调剂自己的身心情绪。尤其是中国的唐诗或宋词,甚至于清诗里头,有很多关于修养的东西,大家都没有接触到,这里面的财富太多了。

(选自《廿一世纪初的前言后语》)

静下来才能清

孰能浊以静之徐清，孰能安以动之徐生。

老子提到"混兮其若浊"，用来说明修道之士的"微妙玄通"，接着几个形容词，都是这个"通"字的解说。也就是不论从哪一方面来讲，都没有障碍。像个虚体的圆球，没有轮廓，却是面面俱到，相互涵摄。彻底而言，即是佛家所言"圆融无碍"。成了道的人，自然圆满融会，贯通一切，四通八达，了无障碍。而其外相正是"混兮其若浊"，和我们这个混浊的世界上一群浑浑噩噩的人，并无两样。

这不就说完了吗？不就已透露出"孰能浊以静之徐清，孰能安以动之徐生"所隐含的消息吗？现在更进一步，解释修道的程序与方法，作为更详细的说明。人的学问修养、身心状况，如何才能达到微妙玄通、深不可识的境界呢？只有一个办法，好好在混浊动乱的状态下平静下来，慢慢稳定下来，使之臻于纯粹清明的地步。以后世佛道合流的话来说，就是"圆同太虚,纤尘不染",不但一点尘埃都没有,即便连"金屑",黄金的粉末也都找不着,务必使之纯清绝点。

同时,我们还要认清一个观念。什么叫"浊"呢?佛学在《阿弥陀经》上有"五浊恶世"之说。因此,我们古代的文字,也常描写这个世界为"浊世"。例如形容一个年轻人很英俊潇洒,就说他是"翩翩浊世之佳公子也",相当于现在穿牛仔裤的年轻小伙子,长发披头,眼睛乌溜溜,东瞟西瞟,女孩子暗地里叫声"好帅"一样。

生长在世局纷乱、动荡不安的时代里,我们静的修养怎样能够做到呢?这相当困难,尤其现代人,身处二十世纪末叶、二十一世纪即将来临的时代。人类内在思想的紊乱和外在环境的乱七八糟,形成正比例的相互影响,早已不是"浊世"一词便能交代了事的了。什么"交通污染""噪声污染""工业污染""环境污染"等后患无穷的公害,又有谁能受得了?

因此,"孰能浊以静之徐清",谁能够在浊世中慢慢修习到身心清静?这在道家有一套经过确实验证的方法与功夫。譬如,一杯混浊的水,放着不动,这样长久平静下来,混浊的泥渣自然沉淀,终至转浊为清,成为一杯清水,这是一个方法。然而,由浊到静,由静到清,这只是修道的前三个阶段,还不行。更要进一步,"孰能安以",也就同佛家所讲的修止修观,或修定的功夫,久而安于本位,直到超越时间空间的范围，然后才谈得上得道。

这等于儒家的曾子所著的《大学》中注重修身养性的程序，与"知止而后有定，定而后能静，静而后能安，安而后能虑，虑而后能得"是同一个路线，只是表达不同而已。如果我们站在道家的立场，看儒道两家的文化，可套句老子的话做结论："此两者，同出而异名。"

许多人学佛、学道、打坐、练功夫，有意要把心静下来，这心怎么能静？有的两腿盘起来，闭眉闭眼，不言不语，要把戏一样，这也可以，但不是真正"静"的境界。对生理的帮助则有之，如说这就是静，那就不通。这样坐在那里，心里的乱想会更多，这不是真正的"静"。

所谓"真正的静"，要有高度的修养，如在日理万机的情形下，而心境始终是宁静的。我们要想做到这一步修养，就先要认识自己的心理、思想是这样不断地过去，我们对于前面过去的思想不理它，过去的已经过去了。

譬如，我们所有的痛苦烦恼在哪里？我们往往知道是无法挽回的，但硬是想要把它拉回来。所谓后悔，就是已经过去了的，想把它抓回来。对于未来的，又何必去想它？譬如出门，目标是恒庐，就直往恒庐来，路上的事就不去管它，不去想它。可是许多人一路上看到的、听到的、遇到的，可想得多了。假使能够不去想它,心理上永远保持这份宁静,心理就健康了,生理也自然健康了,这是必然的医学道理。

(选自《老子他说》《论语别裁》)

游心于淡

孔子告诉叶公子高："美成在久，恶成不及改，可不慎与！"

"美成在久"就是我们俗话所讲，好事不要急。成就好的事情，不是短时能够做到的；坏的事情容易成就，但是一旦成就了，就来不及改正了。这也就是说，为人处世要慎重地考虑。

"且夫乘物以游心"，孔子继续告诉叶公子高一个人处世的原则。"乘物以游心"就是有修养的有道之士，以大乘之道的精神和原则，处理世间的事务；生活在这个物质世界中，保持一个超然的观念。这就是现在流行的一句名言——"以出世的精神，做入世的事业"，抱着一种游戏人间的心情去做事。所谓游戏不是吊儿郎当，是自己非常清醒，心情非常解脱，不要被物质所累，该做就做了，也就是佛学所谓的解脱，那样才是"乘物以游心"。

"托不得已以养中"，人世间的事，有两个大戒：一个是认命，一个是义所当为。这个认命，是认天命，做应该做的事，明知道这一条命要赔进去，为国家为天下，乃至宗教家说为救人救世，像耶稣被钉十字架，文天祥被杀头，等等，他们都很坦然，这是"托不得已"。命之所在，义之所在，不得已而为之。但是下面"以养中"，这个中是指内心的道，自己的修道。他说天地之间的两大戒，一是命，二是义，这个人生的价值和任务都做到了，就是自己内心的道，也就是"养中"。

"何作为报也！莫若为致命。此其难者。"这三句连起来，简单地说，是人生的行为，能做到认识天命的必然和自然如此的原理，尽其所为地去做到，并不是为了现在或后世将来的好果报，只是"穷理尽性以至于命"而已。但是说容易，真懂得，真明白，真做到，就太难了！

《庄子》又说："汝游心于淡，合气于漠，顺物自然而无容私焉，而天下治矣。"

世界上一切宗教、哲学，任何的学问，一切的知识，修养的方法，最终的目的都是"调心"，调整我们的心境，使它永远平安。调心的道理，庄子用的名词是"游心"。

人的个性、心境，喜欢悠游自在，但是人类把自己的思想情绪搞得很紧张，反而不能悠游自在，所以不能逍遥，不得自由。"汝游心于淡",你必须修养调整自己的心境,使心境永远是淡泊的。淡就是没有味道,咸、甜、苦、辣、酸都没有,也就是心清如水。我们后世的形容,说得道的人止水澄清,像一片止水一样地安详寂静,这就是淡的境界。这句话,后世有一句名言,是诸葛亮讲的,"淡泊以明志,宁静以致远"。

  诸葛亮这两句话,对后世知识分子的修养影响颇大。但是这两句话的思想根源是道家,不是儒家;诸葛亮一生的做人、从政作风,始终是儒家,可是他的思想修养是道家。因此我们后世人演京戏,扮演诸葛亮,都穿上道家的衣服,一个八卦袍,拿个鸡毛扇子。"淡泊以明志"这句话,就是从《庄子》这里来的,即所谓"游心于淡"。

(选自《庄子諵譁》)

克己复礼也是修心

要注意"克己复礼"的这个"克"字,克就是剋,剋伏下去,含有心理的争斗意思。譬如,我看到他这条领带漂亮,想去把它拿过来,但理智马上就来了:"我为什么这样无聊?有这样下流的思想!"这就是克,就是心理上起了争斗的现象。在庄子的观念中叫作"心兵",心里在用兵,所谓天理与人欲之争,以现代语汇来说,是感情与理性的争斗,我们一天到晚都在这种矛盾之中。

我们克己,要怎么克服呢?《书经》里有两句话:"惟圣罔念作狂,惟狂克念作圣。"这个"狂"同一般人所认为的狂不同。照佛家和道家的解释,普通一般的凡夫就是狂。如果平凡的人,能把念头剋伏下去,就是圣人的境界。换过来,一个人放纵自己的思想、感情、观念,就变成普通人。这是《书经》的文化,比孔子还早,是我国上古老祖宗的文化,孔子继承传统文化,就是从这里来的。"克念作圣"这个"克"字,我们可以了解了,就是孔子说的"克己"。

克己以后，就恢复了"礼"的境界。"礼"不是现在所谓的礼貌，"礼"是什么呢？《礼记》第一句话："毋不敬，俨若思。"就是说我们要随时随地很庄严、很诚敬。这个"敬"并不是敬礼的敬，而是内心上对自己的慎重，保持克己的自我诚敬的状态；表面上看起来，好像是老僧入定的样子，专心注意内心的修养。所谓礼，就是指这个境界。从这里发展下来，所讲对人对事处处有礼，那就是礼仪了。《礼记》的这一句话，是讲天人合一的人生最高境界。

"克己复礼"就是克服自己的妄念、情欲、邪恶的思想与偏差的观念，而完全走上正思，然后那个礼的境界才叫作仁。如宋儒朱熹的诗："昨夜江边春水生，艨艟巨舰一毛轻。向来枉费推移力，此日中流自在行。"这就看到他的修养，不能说没有下过功夫，他也曾下了几十年功夫。尽管宋儒有许多观点值得斟酌，但他们对的地方，我们也不应该抹杀。刚才我们讲克伏自己的思想，心境永远保持平静，不受外来的干扰，这是很难的。这里是朱熹的经验谈，他做了几十年的学问与修养，这个功夫不是一做就做到的，要平常慢慢体会、努力来的。

这首诗里他以一个景象来描写这个境界：我们心里的烦恼、忧愁，就像江上一艘搁浅的大船一样，怎么都拖不动，但慢慢等到春天，河水渐渐涨到某个程度的时候，船就自然浮起来了。后两句诗是重点,平常费了许多力气,想把这艘船推动一下,可是力气全白费了,一点也推移不动,等修养到了相当程度的时候,便是"此日中流自在行"的境界了。到了这一步,就相当于孔子所谓的"克己复礼为仁"了。"仁"就是这样解释的。

现在我们可以有一个观念,就是孔子所答复的"仁",有一个实在的境界,而并不是抽象的理论,是一种内心实际功夫的修养。所以真做内心修养的,个中艰苦真是如人饮水,冷暖自知。

(选自《论语别裁》)

由心理行为扩充到仁义

孟子曰:"人皆有所不忍,达之于其所忍,仁也;人皆有所不为,达之于其所为,义也。人能充无欲害人之心,而仁不可胜用也。人能充无穿窬之心,而义不可胜用也。人能充无受尔汝之实,无所往而不为义也。士未可以言而言,是以言餂之也;可以言而不言,是以不言餂之也;是皆穿窬之类也。"

首先,孟子说,每个人都有不忍心的地方。例如,在家里吃到好东西,如果父母家人不在,总不忍心完全吃掉,这就是不忍之心。可是吃到最后,父母家人还没有回来,东西又实在好吃,于是会改变主意,吃完了再说吧。假使能够扩大这种不忍之心,"达之于其所忍",下狠心要随时把不忍心扩大变成爱一切人,变成了真仁慈,那么就叫作"仁"。

其次,是"义"。孟子以"仁义"两个字作为他教育的中心思想。他说"人皆有所不为",每个人心里,有他自己的标准，某事该做，某事不该做。例如，看见面前放有一堆无主的钱，心里会想到，这不是我的，不能随便拿。基本上，人都有这一善良的心理，但是"看得破，忍不过；想得到，做不来"。有这种善良的心理，到某一时候，由于环境上"依他起"，依外物外境的影响、引诱，守不住而自撤防线。人要有为有守，将这种有所不为的心理，能扩而充之，"达之于其所为"，变成不该做的绝对不做，该做的就做，至死不变。

接着，孟子又申述了理由。他说：每个人的基本心理，开始都不想害别人，为什么又会想害人？因为利害关系，因为情感，这样一个一个的原因加上去，最后蒙蔽了自己原先那一点不想害人的善良之心，反过来却去做害人的事。"人能充无欲害人之心"，如果保持天理良心的一点良知，扩充自己不想害人的心，去掉那些妨害别人、怨恨别人、讨厌别人的许多差别变化出来的心态，"而仁不可胜用也"，那就是回归到仁心的本位了。所以检查自己，平常没有事的时候，都很平静，害人、怨恨、讨厌等嗔恨的心念都没有；一旦有事的时候，受外境影响，这些负面心理的作用就起来了，于是由讨厌扩充为仇恨，再扩充可能起杀人之念。所以人要认清楚自己最初的清净面、善良面，并且扩而充之，自然就是仁慈心。

一个人要扩充到没有"穿窬之心"，所谓"穿窬"就是形容挖洞、钻孔,"穿窬之心"也就是偷巧之心。有人学道修心的心理,也是如此,因为心中有一点点好奇,想得到神通。如果自我反省一下,动这些念头的原因,各种怪花样就多了。这种"穿窬之心",大家都有的,例如有两人在前面谈话,我们本来走过去就算了,可是有时候会想走到他们身边,把脚步放慢一点,偷听他们在说些什么,这也是"穿窬之心"。甚至到别人桌子旁,开抽屉,看文件,翻书本,这些都是"穿窬之心"所使然的"恶作剧"坏行为。所以说,能够保持先天灵性的良知这一面,扩充为"无穿窬之心",把偷巧之心泯灭了,"而义不可胜用也",自然心中的道德、外表的行为都合于大义了。

最后,"人能充无受尔汝之实"这一句照字面解释,"受"就是接受,"尔"是你,"汝"也是你,释成白话是"人能够扩充不受你你的事实"。什么是你你?很难解释,讲白了就是不受你啊,他啊,别人的影响和左右,就是不分人我之心,如《金刚经》讲的"无我相,无人相"。人与人相处,没有人我的观念,还是消极的;更积极的是你就是我,"同体之慈,无缘之悲"。人能扩充到没有你我之分,当下爱人如己,做到这样,就是大仁大义,无往而不利了。

心理行为的扩充,到达了仁义,就是佛家所说的无人我相。再进一步,爱人如己,爱天下人如己,就无众生相了。

但小有才的人，就不知道这个"君子之大道"了。

前面说了"穿窬之心"，是偷巧的心理，就是偷心，在这里孟子又说："士未可以言而言，是以言恬之也。"例如有一个求学的人，根器不够，不应该教他，但是为了炫耀自己有道德，有学问，非教他不可。尤其在宗教方面，一定要别人皈依自己，传一个法门给人，这也是"穿窬之心"。自己的心理不是为名，就是为利，再不然就是弄权，好高，喜欢别人崇拜自己，用话去引诱别人。相反，对于有程度、有足够道德的人，或对于该接受这种教育的人，也应该教给他们。可是因为悭吝，吝法，却不教人，以表示自己更高。这也是"穿窬之心"。

这里看到，儒家的道德和佛道两家一样，即使心理上犯了一点点错误，像是引诱别人似的，就变成我慢了，这是不可以的。

（选自《孟子与尽心篇》）

勇气与守约

孟施舍似曾子，北宫黝似子夏。夫二子之勇，未知其孰贤。然而，孟施舍守约也。

昔者曾子谓子襄曰："子好勇乎？吾尝闻大勇于夫子矣。自反而不缩，虽褐宽博，吾不惴焉？自反而缩，虽千万人，吾往矣。"孟施舍之守气，又不如曾子之守约也。

孟子认为，孟施舍的养勇功夫，就好像孔子的学生曾子。《论语》上说"参（曾子）也鲁"，从外表上看起来，曾子好像是呆呆的，而孔子的道统最后却靠他传下来。至于北宫黝呢？好比子夏。孔子死后，子夏在河西讲学，气象比其他同学来得开展。不过孟子又说，北宫黝和孟施舍这两个人的养勇功夫，到底谁比较高？这就很难下断语了。然而还是孟施舍这个路线比较好，因为他"守约"，晓得谦虚，晓得求简，晓得守住最重要的、最高的原则。北宫黝奔放，气魄大，可是易流于放纵任性，不如孟施舍的"守约"，也就是专志守一的意思。

孟子接着说，以前曾子问他的学生子襄：你不是好勇吗？我老师孔子告诉我，关于气派、气魄、义无反顾、浩然之气等，都是真正大勇的修养原则。孔子说，真正的大勇，是当自己反省到自己的确有理、对得起天地鬼神的时候，尽管自己只是一个默默无闻的小老百姓，但面对任何人，心中也绝不会惴惴不安，天王老子那里也敢去讲理。但是如果反省到自己真有错误的时候，就要拿出大勇气来，虽然有千万人在那里等着要我的命，我也是勇往直前，去承认自己的错误，承担错误所导致的一切后果，接受任何的处分。"君子之过也，如日月之食焉"，能这样一肩挑起自己错误的负责态度，就是真正的大勇。

通常一个人犯了错，对一两个朋友认错已经很不容易了；若能对着一大群人承认自己的不是，那真需要"大勇"的气魄了。

这是我的解释，我把"缩"照字面直解为乱、缩拢的意思，缩就是不直，不缩就是直。另外，古人有一种解释，"缩，直也"，这样也可以。不过这段话虽然大意不变，句法就有些不同了，说出来让大家比照参考：自己反省一下，要是我理亏，即使对方只是一个穿宽大粗布衣服的平民，难道我能不惴惴然害怕不安吗？反省一下，自己是理直的，虽然面对着千军万马，我也勇往直前拼到底。

我们了解孔子对曾子所说大勇的内容，也就了解孟子引述这段话的作用了。孟子引用孔子告诉曾子的大勇原理，根据孔子的说法来推演，孟施舍的守约固然也很高明，但又不如曾子的守约。曾子这种修养功夫，是更上一层楼的成就。

孟施舍守的是什么"约"？简要地说，他是"量敌而后进，虑胜而后会"，不轻视任何一个敌人。实际上，这是养气的功夫，而孔子所告诉曾子的，不是练功夫，而是做人处世的修养。不但不问胜败如何，还进而问自己合理不合理；合理则理直气壮，不合理则坦然受罚。如此，即使手无缚鸡之力，依然有大勇，是一个顶天立地的大丈夫。所以曾子守的是这个约，与孟施舍有所不同。曾子是有真学问的人，在人生修养上，是大智、大仁、大勇的中心；而孟施舍守的约，只是与人交手时的一种炼神、炼气的最高原则而已。所以孟施舍的"守约"，比起曾子的"守约"来，就只能算是"守气"了。

这里讲到"守约"的问题，同时提出了"守气"。司马迁写《游侠列传》，综合游侠的个性，下了一个"任侠尚气"的定义。换言之，任侠的人大都是使气的。"侠"的古写"㒟"，右半边是"夹"，强调一个人的肩膀。所以"侠"就是为朋友做事一定竭尽心力。"气"，就是意气，越是困难的事，你认为做不到，我就越做给你看。后世学武功的人，学了几套拳脚，根本没有把别人的事当作自己的事那么全力以赴，只妄想以武侠自居，早就忘了"任侠尚气"的可贵精神。面对"武道"的衰落，不免令人又有很多感慨。

  我们要知道，中华民族之所以可贵的另一面，就在于这种"任侠尚气"的精神，这种精神体现在墨家的思想上。墨家思想在中国文化中占有很重要的分量，早在春秋战国时期，中国文化已包含了儒、墨、道三家的成分。几千年来的中国文化，一直流传着墨家的精神，这是一个很重要却被人忽视了的问题。我们现在都以为中国文化以儒、释、道三家为主流，其实这是唐、宋以后文化的新结构。虽然如此，墨家的侠义精神却始终流传在中国人的心中，融合在中国的文化里。

（选自《孟子与公孙丑》）

心气合一的修养

曰:"敢问,夫子之不动心,与告子之不动心,可得闻与?""告子曰:'不得于言,勿求于心;不得于心,勿求于气。'不得于心,勿求于气,可;不得于言,勿求于心,不可。夫志,气之帅也;气,体之充也。夫志至焉,气次焉。故曰:'持其志,无暴其气。'"

公孙丑问孟子:老师,我冒昧地请问一下,你说告子比你更早就修养到不动心了,请问,你的不动心和告子的不动心,在修养上是否相同?

孟子说:告子说不合于道理的话,不要放在心里研求;心里觉得不妥当的事,不要在意气上争求。从这里我们很明显地看到,在中国文化中,谈心气合一的修养功夫是孟子特别提出来的。至于后世道家的心气合一,也都是从这个脉络来的。如果说心气合一之说远在孟子之前就有,那也是对的。

这里是孟子专说他与告子修养到不动心的原则,不过孟子这里谈的不动心，和前面所说由于外面功成名就的诱惑，或危险困难的刺激而引起的不动心，又有所不同。到了这一段，孟子所说的不动心，已回转到内在修养的不动心了。不过孟子不像后世之人那样，只做内在修养的不动心功夫，而是内外兼通的、相合的。

接着，孟子批评告子所主张不动心的修养原则说：告子认为"不得于心，勿求于气"，心里觉得不安、过不去的时候，千万不要动到意气，这是对的。这就像吃了友人干某的亏，本来想以其人之道还治其身，把他的一笔巨款取来，以泄心头之恨。但想想，以怨报怨并不妥当，虽然心理上觉得过不去，但也不能意气用事、逞强非达到目的不可。"不得于言，勿求于心"，凡是在道理上讲不通的，就不要在心理上再去好强。孟子认为，对于道理不明的事情，明知道不该做，而却偏要动心，这就应该再去深入研究清楚，找出原因来才对。

孟子批评了告子的得失以后，提出他的意见。他说，"志"是主宰、领导、指示"气"的司令官。在这里，我们要了解"志"是什么，他认为"志"就是意识形态，是意识观念。譬如"去西门町"，这是一个思想，这个"去西门町"的决定就形成了一个意识形态，成为一个观念，具有力量，督促我们前往，这就是"志"。

至于"气"，内部的气，就是"体之充也"，我们身体里面本来就充满了气,并不是由两个鼻孔吸进体内的空气才是气。身体活着的时候,内部充满了气,气是哪里来的?是意志心力合一的动元。

"夫志至焉,气次焉",气是怎么行动的呢?孟子认为心理可以影响生理,生理也可以影响心理,但是他强调以心理为主。"志至焉",就是心理为主,"气次焉",气是辅助心理而相辅相成的。所以我们心理上害怕时会出冷汗,这就是心理影响到生理。志怯则气虚,想到自己丢人的事,脸就红了,就是元气虚了。志一消,气就差了,想到要开刀,脸色就变了。有"恐癌"的心理病,人就先瘦下去了,所以气是志的附属品。产生气的原动力,则是意志。

孟子最后说"持其志,无暴其气",真正的修养,还是从内心,也就是从心理、意志的专一着手,然后使气慢慢地归元充满。这个时候,你的心理、生理,两者自然协调、融合,对事情的处理,待人处事之间,自有无比的镇定、勇气和决心,当然可以把事情处理得很好。

后世理学家讲修养的,有一种心气二元的理论,道家也有心气合一的说法。如宋代的大儒张横渠讲究养气,《东铭》《西铭》两篇著作就是讲养气的;二程夫子(程颢、程颐)喜欢讲养心。不过,宋明理学关于心气二元的理论或心气合一说,有的地方他们自己也矛盾得很,一会儿心,一会儿气,搞不清楚，但都是从亚圣孟老夫子的家当里抽出来的。后来明明又把道家的养气、禅宗的养心写入自家理学当中，而又不承认是人家的东西，自己一定要标榜出一个老祖宗来，标榜谁呢？当然要推出孟老夫子来了。所以距离孟子已经一千多年的宋儒们，宣称孟子死后孔孟之学就失传了，中间一直空了一千多年，才由他们承担起来。

宋明理学家的心气二元论，或心气合一说，何以会和《孟子》这里的记载搭上线呢？凡是读过古书的人大概都知道，孔子没有谈过"气"这个问题，比孟子稍稍早一点的庄子才谈过气。在孟子的时代，燕齐之间的道家人物、一般方士也都在讲养气或炼气。所以孟子讲养气，也可以说是受了道家的影响；严格地说，是受了时代的影响。如果说孟子的养气是继承孔子而来的，这是大可不必的事。孔子没有谈过养气，曾子、子思也没有说过；乃至在《易经》中，孔子也没有谈过养气。但由此我们可看到一点，就是任何一个圣人、任何一个学者，都离不开时代的影响。这并不是说因为孔子没有讲过养气，孟子就不应该讲。这里只是指出孟子有关养气学说并非来自孔子，而是来自孟子当时的时代影响。

后世宋明理学家把心气二元当成儒家的法宝来讨论，如果当作修养方法论是可以的，如果就形而上的道体立论，那就太离谱了。老子说过养气，如"专气致柔"等，同时又说：

"此两者,同出而异名,同谓之玄。玄之又玄,众妙之门。""同出而异名",就是一体的两面,是说不但意志可以控制气,气也可以影响意志。例如腹泻,泻得气都断了,纵然意志还很强,那也是没有办法的。

我在年轻学禅时,我的老师袁(焕仙)先生对我说:"对面的院子从来不开门,里面住的是谁你知道吗?那就是你的太老师,是修道家丹法的一位老师。"袁老师早年也曾学道,他老人家后来供养了这位学道的老师半辈子,真是数十年如一日。有一天,袁老师要我去参拜这位太老师,可是他对我说:"你去看太老师之前,我有个问题问你,你先回答了再去。你说说看,到底是念先动,还是气先动?"我当时脱口而出便说是念先动,他听了以后才让我去看。原来我的那位太老师因为修道家的神仙丹道法,始终坚持是气先动,而袁老师则认为是念先动,但是又不愿去反驳老师,也不敢苟同。

不过后来我再经过研究,认为不但是气先动不对,念先动也不对。根本上分先后就不对。严格地说,分不出先后,念动气就动,气动念就动,就是老子说的"此两者,同出而异名"。心物是一元的,心气也是一元的,是一体的两面。好比一只手,有手背也有手心。伸一只手出来,是手背先动还是手心先动?有形的是同时动;在形而上则犹如禅宗的道理，不是手背动，也不是手心动，是伸手者的心动了。心、手背、手心三者合一，所以后世的禅师们也有画一个圈，中间加上三点，这就与"太极含三"的道理一样了。

老子说"一生二，二生三，三生万物"，这一方面的学理，老实讲，佛家和道家互有轩轾。佛家讲心的形而上学是第一等的，无人可以超越；但在气的这一方面，却又须另当别论了。

我们再来讨论孟子浩然之气的"气"字。

我们中国文化中这个"气"字是很难解释的。十多年前，有一个美国学生问我，这个"气"字翻成英文该是哪个字。我说不要义译，还是音译好了，然后加以注解，比较妥当。孟子这里对这个气就有几层解释：第一，"至大至刚"，是形容词。第二，"配义与道"，说明气与精神合一，也就是心物一元，与"义"有关。第三，和形而上的至理是合一的，与逻辑上的至理也是合一的，也就是与思想上无思无虑的最高境界是合一的，属于"道"。

我们读这一段，好像糊里糊涂的，就是弄不明白。孟子刚说过"难言也"，我们也可以对孟子说"难懂也"，确实是很难懂。不从实际修养，光从言语文字上，的确是很难了解这个气的精义的。

这是孟子说的养气。现在我们回过头看看文化历史，孔子可没有讲气啊！他没有传一套炼气、养气的方法给曾子吧？更没有什么九节佛风、宝瓶气啊，以及六妙门中的数息、随息、止息等修气的方法吧？曾子著的《大学》也没有讲气呀！那么曾子传道给他的学生，就是孔子的孙子子思，子思著了《中庸》，也没有谈养气啊！何以到了战国末期，孟子提出养气来呢？而且养气还养得很高明呢！在《尽心》里，孟子把养气的功夫都写出来了，也等于把道家的任督二脉、奇经八脉，乃至后来密宗所讲究的什么修气、修脉都讲到了。只不过，他没有用这些名词。

  所有做功夫，不论心性法门或是炼气法门，孟子这个"养"字，用得实在太妙了，好到极点。"养"字很自然，就如养小孩那样养，饿了喂奶，小便了换尿布，就是如此养，孩子自然会长大。三天打鱼，两天晒网是不成的。

  大家问我：怎么养气呢？其实很简单，用不着学那些稀奇古怪的气功，只要保持内心平静，不拘在什么地方，不论是在办公室，或者是在马路上，走路走疲劳了，停下来，做两下养气功夫，精神就来了。怎么做这养气功夫呢？不要用鼻子吸气做气功，马路上灰尘大，空气脏，所以我们在都市千万不要用鼻子呼吸做气功。只要心境宁静，不必用耳朵去听，只要感觉到呼吸的往来就好了。我们本来就有呼吸，不必再用意去练习，或者对呼吸加以控制管理，只要感觉到我们原有的呼吸状况就好。如果感觉到什么地方不顺有阻碍的话，只要思想继续宁静下来，静上一段时间，自然就调和顺畅了。这是最好的方法，不要再特地做什么功夫。

总而言之，我们要注意，养气就是养心。所以儒、释、道三大家归纳起来，儒家标榜"存心养性"，佛家主张"明心见性"，道家提倡"修心炼性"，都是"心"啊，"性"啊，在"心""性"两个字上面换来换去，虽然表达方法不同，实际上目的是一个，都是养心的功夫。

要怎么样去修？只有"养"，这是急不来的事，急进不行，用功太多也不行，会造成揠苗助长的结果。无论儒家、佛家、道家，无论入世、出世，心性之学也好，气脉之学也好，都是如此。即使是个人的学问、事业，也是如此，都需要慢慢地培养，那是急不来的。

（选自《孟子与公孙丑》）

心有所主

孟子以他的太老师曾子为不动心的典范。曾子不动心的原则就是"守约"。所谓"守约",是心中自有所守,有个定境,有个东西,因此要"约",约住一个东西,管束一个观念,照顾住一点灵明。我们平常的思想、情绪都是散漫的,像灰尘一样乱飞乱飘。我们这边看到霓虹灯,马上联想到咖啡厅,接着又想到跳舞,然后又想着时间到了,必须赶快回家向太太报到。一天到晚,连睡觉时思想都在乱动,精神意志的统一、集中简直做不到,所以必须"守约",守住一个东西。

由此我们可以了解宋明理学家标榜"主敬""存诚"的道理,这也可以说是他们的高明处,没有宗教气息,只以"主敬""存诚"为宗旨。什么叫"主敬""存诚"呢?这也就是孟子所提到"必有事焉"的道理。好比人们欠了债,明天就必须还,还不出就要坐牢。但是今天这笔钱还不知道在哪里,于是今天做什么事都不行,听人家说笑话,笑不出,人家请客也吃不下,这种心境就是"必有事焉"。又好比年轻人失恋了,不知在座的年轻人有没有失恋的经验,假如有的话,那个时候一定也是放不开的。至于谈恋爱时,又是别有一番滋味在心头,就像《西厢记》里所说的,茶里也是他,饭里也是他,到处都是他的影子。这就是曾子所谓的"必有事焉"。我说这句话可不是开玩笑,我们做修养功夫,如果真做到心里一直守着一个原则用功的话,那就上路了。

每个宗教对心性的修养,都各有一套"守约"的办法。譬如佛教要我们念一句"阿弥陀佛",就是"必有事焉"的原则。密宗的这个手印、那个手印的,东一个咒语、西一个咒语的,也同样是"必有事焉"。又如天主教、基督教,随时培养人们对"主""上帝"的信念,乃至画十字架,也都是"必有事焉"的原则。说到天主教的手画十字,很有趣的是,密宗恰好也有画十字的手印,与天主教所画先后次序不同。这两个宗教的手印到底是谁先谁后呢?实在很难研究。现在不管这些,我们只专对学理来研究,把宗教的外衣搁下。每个宗教教人修养的方法,都是运用"必有事焉"的原理,也就是孟子所讲"守约"的路子。

我们是现代人,就先从心理状况来做一番研究。我们在每天乱七八糟的心境状态中,要想修养到安详、平和、宁定、超越的境界,是很难的。首先必须训练自己,把心理集中到某一点——这是现代的话。佛教的"阿弥陀佛"、孟子的"守约"以及现代的"心理集中到一点",是没有两样的,融会贯通了就是这么个东西,这也就是所谓的"人同此心,心同此理",道理、原理是一样的,只不过用词不同罢了。

不论古人、今人,还是中国人、外国人,凡是真讲修养,就必须先做到"守约"。佛教所谓的入定,也就是"守约"的初基。所以孟子讲不动心的修养功夫,第一步就必须做到"守约"。如果就佛学而言,要修养到不动心的话,第一步就必须先做到"定"。"定"的方法是怎么样的呢?照佛学原理说来,就要"系心一缘",把所有纷杂的思绪集中到一点,这就是"守约"。如果发挥起来详细讲的话,那就多了。总而言之一句话,孟子认为修养到不动心,必须先做到心中有所主。

在座诸位有学禅的,有念佛的,有修道的,有信其他各种宗教的,或许有人会问:我坐起来什么也不守,空空洞洞的,好不好呢?当然好。但是,你如果认为自己什么都没有守的话,那你就错了,那个空空洞洞也是一个境界,你觉得空空洞洞的,正是"守约"。和念佛、持咒、祷告等同样是"系心一缘",只不过现象、境界、用词观念不同。

如果真正做到不动心的话,那就动而不动、不动而动了。说到这里,我想起明朝潘游龙的《笑禅录》,里面有一段提到一个秀才，到庙里拜访某位禅师，这位禅师懒得动，坐着不理他。秀才心直口快，就问他为什么坐着不起来。这位禅师就说：不起即起。秀才一听，拿起扇子在禅师的光头上一敲，禅师气得问他：你怎么打人？秀才就说：打即不打。潘游龙在这部《笑禅录》里，用禅宗的手法列举古代的公案，重新参证。他用轻松诙谐的题材，使人在一笑之间悟到真理。可惜胡适之先生竟误会《笑禅录》是部鄙视禅宗的书，所以引用它"打即不打，不打即打"来诬蔑禅宗，反倒令人失笑了。

如果真修养到不动心的话，那倒真是"不动即动，动即不动"了。这话怎么说呢？就是对一切外境都非常清楚，对应该如何应对也非常灵敏，但是内心不会随着外境被情绪所控制。这就是庄子所谓的"喜怒哀乐不入于胸次"。但是要注意，不动心并不是无情，而是不受一般私情、情绪的困扰，心境安详，理智清明。如此才能步入"内圣外王"的途径，才能为公义、为国家、为天下贡献自己。

中国这几千年来丰富的文化思想、多姿多彩的历史经验，是别的民族所没有的，这的确是值得我们自豪的地方。我们从历史经验中常常可以看到，有些人平常人品很好，但是一旦到了某个地位，就经不起环境的诱惑，而大动其心了；相反，一旦失意，也经不起失败的打击，于是也大动其心了。现在在座的青年，看起来一个比一个淳朴可爱，但是有一天到了"哼啊！哈啊！"的显要地位时，或者变成一个大富翁时，周围人一捧，那时如果没有"守约"的功夫，那你就不只是动心了，而是连本有的平常心都掉了，昏了头了，这样自然就随着外境乱转了。

如果没有经过时间、环境的考验，很难对一个人的品德、修养下一个断语。这也就是孔子所说的"可与共学，未可与适道；可与适道，未可与立；可与立，未可与权"。我积一生的经验，对这几句话体会很深，许多人可以做朋友，但是进一步共同做事业，或者共同学道，那就难了。

又说"可与立，未可与权"，可以共学，也可以适道，可以共事业，但不能共成功，无法和他共同权变，不能给他权力。如果共同做生意，失败了也许还能不吵架；最怕的是生意赚了钱，分账不平，那就动了心，变成冤家。我常对朋友说：你的修养不错，差不多做到了不动心。不过，可惜没有机会让你试验，看看一旦有了权位是不是还能不动心。人有了一呼百诺这种权势，连动口都不必，话还没说出口，旁边的人就已经服侍得周周到到的了，这种滋味当然迷人，令人动心。所以要修养到"守约""不动心"，的确是圣人之学。

（选自《孟子与公孙丑》）

尽心知性与动心忍性

　　孟子始终没有出来做官,没有担任职务;他是以师道自居,指导当时的诸侯们走上王道的政教合一之路,以达到人文文化的最高点。由于历史的演变,人心的堕落,无可奈何,他的这个愿望落空了。不过他个人并没有落空,他的光芒永存于千秋万代,和其他的教主一样,永不衰竭。

　　孟子之所以成为圣人,是因为他有传心的心法,因此,《尽心》这一篇,非常重要。这一篇以《尽心》为篇名,是以全篇第一句话做题目,正是扼要点明重点之所在。他一开头就说:"尽其心者,知其性也。知其性,则知天矣。"这几句话,就非常重要了,认真研究起来,十几年也不能研究完,也许一辈子都钻在其中了。

　　我们先从文字上研究,什么叫作"尽心"?大家平常都会讲的一句话:对这件事已"尽心"了。就是说,一件事情做完以后,成败是另一问题,而去做的人,心总算尽到了。也就是用了所有的精神、心思去做,"尽"就是到底了,到尽头了。依这个观念来解释孟子的话,就是我们把自心的作用,已反省观察到底,然后可以发现人性是什么了。

后来佛学进到中国,禅宗提倡的"明心见性",也同这里的"尽心知性"的观念有关。佛学的《楞严经》所说的"七处征心""八还辨见",把明心与见性,分为两个层次来解说。乃至玄奘法师所弘扬的唯识法相的最高成就"遣相证性",也是把心与性分作两个层次。

孟子生活的时代,佛法还没有进到中国,佛法正式进入中国,是在孟子之后八九百年到千年之间。所以孟子是在佛法进来以前,就已经提出来先要"尽其心",把自己心的根源找出来,然后才可以"知其性"。这是"明心见性"这个词句的根源,能够"尽其心""知其性",就可以"知天"。"天",不是老太太们说上天保佑的天,也不是太空科学所研究的那个天象的天,而是包括了形而上的本体与形而下的万有作用;也等于佛法所说整体法界的代号,学问之道就在这里。

在儒家的"尽心知性"学说中,孟子的修养功夫是"动心忍性",这就是做人做事的修养。"尽心知性"也可以说是静定的境界,是整个修行的原则与功夫。例如遭受打击时,在修养中的人,能把受打击的痛苦和烦恼的心理摒除,这只是有一点修养、一点学问而已,还不算数;要把烦恼的心理净化了,不相干了,才算有一点修行功夫。在儒家来说,才算有一点学问修养的境界了。

什么是"动心忍性"？遇到事故时，在动心起念之间所具有的定力、智慧，所到达的程度；"忍性"则是绝对的大定，借用佛学一个名词来说，就是"如来大定"。例如有一件事，碰到一个人要求太过分，自己恨不得一刀把他杀了，但该不该杀？可不可杀？能不能杀？这之间就看动心忍性的功夫了。他的行为该杀，但在我这方面，不该去杀他，他虽对我不起，但我要对他仁慈、要感化他；可是自己又无法感化他。这些都是动心忍性的真实功夫，并不只是空洞的理论而已。

所以前面孟子就说："故天将降大任于是人也，必先苦其心志，劳其筋骨，饿其体肤，空乏其身，行拂乱其所为，所以动心忍性，曾益其所不能。"一个人要想修养到动心忍性，如果没有经过种种苦难的磨炼，是做不到的。所以圣贤之学，不是轻易可以得来的。

青年人学佛修道，就想盘腿打坐，以为这样便能成道当圣人；那不是圣人而是"剩人"，剩下来多余的人，从人类中拣出来不要的人。连做一个普通的正人都很难够标准，何况成为那个"圣人"！因为我们在动心忍性之间，对于推己及人，仁民爱物，就像佛家所说的慈、悲、喜、舍等，不但要"仁民"——爱人、对人慈悲，还要爱一切万物，就像佛家的慈爱众生一样，是真正难做到的事。

动心忍性是道的用，道的体是"尽心知性"。后来佛法进入中国，叫作"明心见性"；到了汉朝以后儒道分家了，道家叫作"修心炼性"。性要锻炼，等于佛家禅宗所说的"就是这个"，得道是"这个"，跌倒是"这个"，爬起来也是"这个"。"这个"是什么？说是悟了，就像一块石头里面含有金子，也就是从金矿里挖出来的石头，里面可能有金子。可是几千亿万年，无数劫以来，金子被泥土裹住了，黄金和泥土混在一起，必须经过一番烈火的锻炼，才能把光亮的黄金从中取出来，而将泥土——这些习气，化为灰烬。所以道家说要"修心炼性"，先要修炼，在动心忍性或明心见性之间，不经过修炼是不行的。

儒家的修炼为"存心养性"，孟子这里说："存其心，养其性，所以事天也。"存的是什么心？存一个仁心、善良之心，一个纯净无瑕、犹如万里青天无片云的天理之心。而养性，是把人性原来善良的一面，加以培养、扩大、成长。所以后世儒家阐述，在起心动用上，要做到"亲亲，仁民，爱物"，这是儒家和佛家各自表述不同的要点。

（选自《孟子与尽心篇》）

观自己的心

我们研究禅宗的时候，不是拿我们自己的思想观念去看禅宗，而是要把所讲的事情回转到自己的心地修养上，去做修持的功夫，去体会。假使光是听闹热，等于同国内外流行的禅学一样，不谈修持，不谈求证，只是把这一套学理故事，做一番客观的评论，那就是一般禅学的路线，但是我们的重点是摆在求证上。

我们不妨走从前古人的路线，用观心法门，观察自己，以现在的观念而言，就是检查自己的心理状态。我们的心理状态，所有的思想、感觉可以归纳成三个阶段，那三段时间的分类：过去、现在、未来。古人称为前际、中际、后际。

这一个法门，不一定要盘腿。静下来时，观察自己的思想，会发现一团纷乱。我们的心理状态，一部分属思想方面；一部分属感觉方面，像背酸、腿痛等；还有一部分属情绪方面，觉得很闷、很烦。总而言之，这些都归纳到心理状态，叫作一念。

然后，我们再观察自己的念头，前一个思想过去了，没有了，就像话讲过了，我们也听过了，每一句话、每一个字都成为过去，一分一秒都不会停留。我们不要担心，它不会留下来长到心里去的。换言之，念头本身停不住，永远在流动，像一股流水一样，永远不断地在流。它是一个浪头连一个浪头，很紧密地接上来。如果再仔细加以分析，它像是一粒粒水分子，密切地连接成一条河流。实际上，前面一个浪头过去了，它早就流走了，后面的还未接上来，这时候，假如我们把它从中截断，不让后面的浪头上来，中间就没有水了，心理状态也像这个一样。

又比如我们看到这个电灯永远在亮，实际上，我们把开关打开后，第一个电子的作用上来，马上放射，很快就没有了，后面电的功能不断地接上来，我们就一直都看到亮光，事实上它是生灭的，所以看到日光灯有闪动，也就是因为这个道理。

我们的心理状态，也是这样在生灭，只是我们自己不觉得，以为自己不停地在想。实际上，我们的思想、感觉，没有一个念头是连着的，每一个念头都是单独跳动的。比如我们在这里做个检查，早晨刚一醒来，第一个念头是——自己在想什么？到现在还是早晨的那个念头吗？绝对不是，它不会一直停留在心中，早跑掉了。所以念头用不着去空它，太费事了，它本来是空的。一般人听了佛学，一上座就求空，用自己的意识去构想一个空，这是头上安头，是多余的。

不过，现在的问题是，念头流走还容易懂，可是后面第二个念头是怎么来的？它的来源找不出来，这是一个值得参究的问题。为什么我们并没有想它，而它自己会来？尤其是打坐的人，本来想清净，偏偏念头来了，有些念头平时根本想都不会想的，只要一打坐，几年前的事，都想起来了。

比如有则笑话，一个老太婆打坐，下座以后，告诉别人：嘿！打坐真有用，十几年前，某人向我借一块钱，一直没有还我，打坐时，倒想起来了。这可也不是笑话，它说明了一个事实，心里宁静，所有的东西都自然在脑中浮现了。怎么来的？这是很重大的问题。假如前一个念头过了，后面的念头不接上，中间不就空了吗？这个念头是怎么来的？那个去找的，又是一个念头。不要去引动它，也不要寻找它，不要怕它来，它虽然来了，但也一定会过去。只是这里头有一个东西，那个知道自己念头跑过去了，知道念头又来了，那个东西没有动过，要找的是那一个。那个就是《心经》上讲的，"观自在菩萨，行深般若波罗蜜多时，照见五蕴皆空"的"照"，永远在照。这个照字用得非常好，等于电灯一开，灯光就把我们照住了。

大家因为不明白这个理，所以专门在乱跑的念头上想办法，想把它截断。其实看到念头，照到念头的那个，并没有动，也不需要截断念头。我们明白有一个主人家，看到了这些杂乱念头，这是我们本有的功能，这个功能永远静静地在那里，久而久之，这些连绵不断的妄念就不会来了。等于客人来家里，主人并没有说"你出去"，也没说"请进来"，不拒不迎，妄念自然跑了，这是最初步。能够随时在这个里头，慢慢观心，观察烦恼习气。只要一观察，烦恼习气就没有了。只要照住它，它就空了。这个道理要特别注意。

（选自《如何修证佛法》）

烦恼也是菩提

佛学叫我们除烦恼,佛学翻译的"烦恼"两字用得好极了。拿普通的学问来研究,烦恼是我们心理行为的一个基本状态。"烦",烦死了;"恼",讨厌。这些就是烦恼。烦恼就是罪恶,对自己心理染污的罪恶。以形而上本体来讲,我们的自性本来清净,因烦恼连带发生的行为,变成了后天的罪恶。比如一个人杀人,是因为火大了。而基本上,只是由一点的烦恼开始的,它对自己来讲,是最大的罪恶;对外界来讲,发展下去,久了可以成为害社会、害国家、害人类、害世界的大罪恶。所以"烦恼"两字,不要轻易小看它们。

我们讲行愿方面,这个心理的"行",要做到清净,做到空。要想得定,要想明心见性,应该随时随地检查自己是不是有一丝毫的烦恼存在,如有烦恼存在就很严重了。

有一种烦恼是来自生理的,由生理不平衡所引起的,就是儒家所谓气质之性,所以修道要变化气脉,也就是要变化气质。气质是一个实在的问题,不是空洞的理论。

为什么修道的人功夫好了,气色会好,气脉会通?因为受心理行为的影响,气质在变化,每一个细胞都在变化,不是假的。所以烦恼能转成菩提,转成觉性,随时清明。

我们每个人,尤其是学佛的人,随时在烦恼中,我们回转来检查,一天二十四小时当中,有几秒钟身心都是愉快的?当然严格来讲,后天的愉快也属于烦恼之一。《维摩诘经》上讲"烦恼即菩提",就是说,你能把烦恼转过来就是菩提。因烦恼的刺激,引起你的觉悟,发现自己在烦恼中,这可不对,立刻警觉,这样一转,当下就是菩提。

但是,我们的烦恼不是菩提,因为我们不知不觉中,总是跟着烦恼在转。比如刚才一个同学在讲,打坐腿子发麻,生理不好,烦恼来了。这个烦恼最重要的一部分,当然是生理影响,所以生理完全转了,变成绝对的清净,修道的基础、定的基础才算有了。所以,气脉对于这一方面很重要。

气脉又与心理行为有绝对的关系,你多行一点善,念头转善一点,虽然是消极的善,不是对人有利的行为,但是你能先去掉自己心中的烦恼,也算是自我本分的一点善,能够这样做到了一些,气脉就会转一分,你的定力自然就增加一分。所以,我们打坐为什么静不下来?检查起来就是因为烦恼。烦恼里头隐藏着许许多多罪恶的种子,许多罪恶的因素,都是由"烦恼"而来的。假如我们转掉了烦恼这个东西,完全转清了,这个时候,心境会比较清明一点点,然后我们才能够检查自己念头的起灭。

(选自《如何修证佛法》)

此心如何住

《金刚经》一开头,像照相机一样,什么灰尘都照出来,干脆利落,一点都不神秘。不管学哪一宗哪一派,第一个碰到的就是这个"云何应住"的问题,就是用什么办法使此心能够住下来。

须菩提讲得很坦然,替大家发问:"云何应住?"这个心念应该如何停住在清净、至善那个境界上?"云何降伏其心?"心里乱七八糟,烦恼妄想怎么能降伏下去?古今中外,凡是讲修养、学圣人、学佛,碰到的都是这个问题。"云何应住",这个心住不下去。如果念佛嘛,永远念阿弥陀佛做不到,不能住在这个念上,一边念阿弥陀佛,一边心里想明天要做什么,哎呀,阿弥陀佛,老王还欠我十块钱没有收回来,阿弥陀佛,阿弥陀佛,这怎么办……心住不下去!你祷告上帝,上帝也不理你啊,你还是一样的,坏念头还是起啊!菩萨也帮不了忙。此心如何住,如何降伏其心,这许多的烦恼妄想,如何降伏下去?这是个大问题。

我们年轻的时候，经常有个感慨，读《金刚经》，读到这两句，千古高人，同声一叹！这个问题太难了。一个英雄可以征服天下，没有办法征服自己这个心念；一个英雄可以统治全世界，没有办法"降伏其心"。自己的心念降伏不了，此乃圣人之难成，道之难得也！你说学法，学各种法，天法学来都没有用！法归法，烦恼归烦恼。念咒子吗？烦恼比你的咒子还厉害，你咒它，它咒你，这个烦恼真是不可收拾，就有那么厉害。

佛言：善哉善哉。须菩提，如汝所说，如来善护念诸菩萨，善付嘱诸菩萨。汝今谛听，当为汝说。

佛听了须菩提的问题，他眼睛又张开了，这个问题问得好，一拳就打到中心来了。善哉！善哉！就是问得好极了。佛说："须菩提，如汝所说，如来善护念诸菩萨，善付嘱诸菩萨。汝今谛听，当为汝说。"看佛经应该像看剧本一样，才能进入经典的实况，才会有心得。我说把佛经当剧本看，不是不恭敬，你不进入这个情况，经典是经典，你是你，没有用。

现在，假设我们当时跟须菩提跪在一起，佛说：好，好，须菩提，照你刚才问的问题，如来善护念诸菩萨，善付嘱诸菩萨，是不是？须菩提说：是。释迦牟尼佛说"汝今谛听"，你现在注意啊！好好听。"谛"是仔细、小心，也有一点意思是你要小心注意，我要答复你了。"当为汝说"，你问的问题太好了，我应当给你讲。这时须菩提还跪在那里。

善男子，善女人，发阿耨多罗三藐三菩提心，应如是住，如是降伏其心。

唯然，世尊。愿乐欲闻。

佛说：善男子，善女人，如果有一个人，发求无上大道的心，应该这样把心住下来，应该这样把心降伏下去。

说完这一句话，他老人家又闭起眼睛来了。须菩提大概等了半天，抬头一看，"唯然，世尊"，经文中说"唯"就是答应，"然"就是好。我准备好好地听，世尊啊，"愿乐欲闻"，我高兴极了，正等着听呢！他跪在那里瞎等，佛却没有说下文了。大家看这个剧本写得好不好？经典是好剧本，我们在座的也有写剧本的高手，而写这个剧本的才是真高手呢！文字都很明白，是不是这样讲的？没有错吧？

现在我们再回过来看佛说的这句话：善哉！善哉！你问得好啊，须菩提，照你刚才说的，佛要善护念诸菩萨，善付嘱诸菩萨，是不是？须菩提说：是啊！我是问的这个。佛说：你仔细听着，我讲给你听。当你有求道的心，一念在求道的时候，就是这样住了，就是这样，这个妄念已经下去了，就好了，就是这样嘛！

假设我来讲的话，我当然不是佛啦！不过我来讲的话，不是那么讲。如果我当演员，演这个释迦牟尼佛，这个时候不是慈悲的，不是眼睛闭下来，眉毛挂下来，慢慢说："善哉！善哉！阿弥陀佛！"不是这样。我会说："你听着啊！你注意，你问的这个问题，当你要求道的这一念发起来的时候……"说时一边就瞪住他。

半天，须菩提也不懂，傻里瓜叽的：佛啊，我在这里听啊！换句话说，你没有答复我呀！

实际上，这个时候，心就是住了，就降伏了。

"住"就是住在这里，等于住在房子里，停在那里。但是怎么样才能把烦恼妄想停住呢？佛说：就是这样住。

我们都知道，学佛最困难的，就是把心中的思虑、情绪、妄想停住。世界上各种宗教，所有修行的方法，都是求得心念宁静，即所谓止住。佛法修持的方法虽多，但总括起来只有一个法门，就是止与观，使一个人思想专一，止住在一点上。

譬如净土宗的念佛，只念一句"南无阿弥陀佛"，就是专一在这一点上。"南无"是皈依，"阿弥陀"是他的名字，皈依阿弥陀这一位佛。说到念佛，有个笑话告诉年轻的同学们。有一个老太太，一天到晚念南无阿弥陀佛，念得很诚恳，他的儿子很烦，觉得这个妈妈一天到晚阿弥陀佛。有一天，老太太正在念阿弥陀佛，这个儿子喊：妈！老太太问干什么，儿子不响了。她阿弥陀佛、阿弥陀佛又念起来，念得很起劲。儿子又喊：妈！妈！那老太太说：干什么？儿子又不响。老太太有一点不高兴了，不过还是继续念阿弥陀佛、阿弥陀佛……儿子又喊：妈！妈！妈！这个老太太生气了，说：讨厌，我在念佛，你吵什么？儿子说：妈妈，你看，我还是你儿子呢！不过叫了三次，你就烦了，你不停地叫阿弥陀佛，阿弥陀佛不是烦死了吗？这个话表面上听起来是笑话，但是它所包含的意义，实在是很深刻的，不要轻易把它看成一个笑话。

　　念阿弥陀佛是持名，等于叫妈，持他的名字。持名念佛有它的意义，不过现在我们不是讨论这个问题，而是说这一种修持的方法，是要念到一心不乱，达到止、住的境界。我们大家普通念阿弥陀佛，一边念，一边也照样地胡思乱想，就像一支蜡烛点在那里，虽然有蜡烛的光亮，旁边的烟却也在冒；又像石头压草，旁边的杂草还是长出来。这种情形不能算一心不乱，因为没有住，没有止。真要念到一心不乱，忘记了自己，忘记了身体，忘记了一切的境况，勉强算是有一点点一心不乱的样子。做到了专一、一心不乱的时候是止，念头停止了，由止就可以得定。

我们都听说过老僧入定，真正入定到某一种境界，时间没有了，他会坐在那里七八天、一个月，自己只觉得是弹指之间而已。不过大家要认识，这不过是所有定境中的一种定而已，并不是说每一个定境都是如此，这一点要特别注意。

佛法讲修持，百千三昧的定境不同，有一种定境是，虽日理万机，分秒都没有休息，但是他的心境永远在定，同外界一点都不相干。心，要想它能定住是非常困难的。像年纪大一点的人睡不着，因为心不能定。年纪越大，思想越复杂，因此影响了脑神经，不能休息下来。

等于说，我们的脑子是个机器，心脏也是个机器，但是它的开关并不在机器本身，而是后面另一个东西，那就是你的思想，你的情感，你心理的作用。所以一切学佛，一切入道之门，都是追求如何使心能定。有些人打坐几十年，虽然坐在那里，但是内心还是很乱，不过偶尔感觉到一点清净、一点舒服而已。一点清净、舒服还只是生理的反应与心境上的一点宁定，而真正的定，几乎没有办法做到。

佛学经常拿海水来说明人的心境。我们的思想、情感，归纳起来，只是感觉与知觉，它们像流水一样，永远在流，不断地流，所谓"黄河之水天上来，奔流到海不复回"，就是那么一个现象。所谓真正的定,佛经有一句话:如香象渡河，截流而过。一个有大智慧、大气魄的人，自己的思想、妄念，立刻可以切断，就像香象渡河一般，连弯都懒得转，便在湍急河水之中，截流而过了。假使我们做功夫有这个气魄，能把自己的思想、感觉如香象渡河，截流而过，把它切断得了，那正是净土的初步现象，是真正的宁静，达到了止的境界。由止再渐渐地进修，生理、心理起各种变化，才可以达到定的境界。这样，初步的修养就有基础了。现在《金刚经》里还没有讲"定"，先讲"住"。

"住"这个字，与"止"，与"定"是不一样的，而且很不一样。

先说这个"止"。止可以说是心理的修持，把思想、知觉、感觉停止，用力把它止在一处。等于我们拿一颗钉子，把它钉在一个地方，那就是止的境界。

所谓"定"，等于小孩子玩的转陀螺，最后不转了，它站在那里不动了，这只是个定的比方。

这个"住"呢，跟"止""定"又不一样。住是很安详地摆在那里。这些不是依照佛学的道理来说，只是依照中文止、定、住的文字意义来配合佛学的道理加以说明。

不管学佛不学佛，一个人想做到随时安然而住是非常困难的。中文有一句俗语——"随遇而安"。安与住一样，但人不能做到随遇而安，因为人不满足自己、不满足现实，永远不满足，永远在追求一个莫名其妙的东西。理由可以讲很多，如追求事业，甚至有些同学说人生是为了追求人生，学哲学的人说是为了追求真理。你说真理卖多少钱一斤，他说讲不出来价钱。真理也是个空洞的名词，你说人生有什么价值？这个都是人为的借口。所以说在人生过程中，"随遇而安"就很难了。

例如，好几位学佛的老朋友，在家专心修行不方便，与修行团体住一起又说住不惯。其实，他们是不能"随遇而安"而已！他们不能"应如是住"，连换一个床铺都不行了，何况其他。实际上，床铺同环境真有那么严重吗？没有，因为此心不能安。所以环境与事物突然改变，我们就不习惯了，因为这个心不能坦然安住下来，这是普通的道理。

须菩提提出的这个问题，是开始学佛遭遇到的最困难的问题，也就是心不能安。现在佛告诉他，就是你问的时候，已经住了；就是你问的时候，已经没有妄想烦恼了。这个意思也有一个比方，当我们走在街上看到稀奇事物的时候，就在这个时候，我们的心是住的哦！就像普通讲的愣住了。这一段的住，虽不是真正佛法的住，但这个心理现象，受到突然刺激的时候好像凝定住了，这是假的心住，不是心安的住，可是从这个现象可以了解，心的住确实有"定"的道理。

如何把烦恼降伏下去？佛答复得那么轻松："应如是住，如是降伏其心。"就是这样住，就是这样降伏你的心。换言之，你问问题的时候，你的心已经没有烦恼了，就在这个时候，就是禅宗所谓当下即是，当念即是，不要另外去想一个方法。

譬如我们信佛的，或者信其他宗教的人，一念之间要忏悔，这么一宁静的时候，就是佛的境界，你的烦恼已经没有了，再没有第二个方法。如果你硬要想办法把这个烦恼降伏下去，那些方法徒增你心里的扰乱，并不能够使你安住，这是又进一步的道理。

"应如是住，如是降伏其心"，你那个时候，已经安住了；不过刹那之间你不能把握而已，因为它太快了。如果你能够把握这一刹那之间的安住，就可以到家了。这个是重点，整个《金刚经》全部讲完，就是教我们如何住，也就是无所住，不需要住。

可是，此心本来不住。怎么说呢？譬如我现在讲话，从八点钟开始讲到现在，二十分钟了，每一句话都是我心里讲出来的，讲过了就如行云流水般都没有了，"无所住"。如果我有所住，老是注意讲几分钟，我就不能讲话了，因为心住于计时。诸位假使听了一句话，心里在批判，这一句话好，那一句乱七八糟，你心在想，下一句也听不进去了，因为你有所住。

如何才能安住？无所住即是住。拿禅宗来讲，住即不住，不住即住。无所住，即是住。所以人生修养到这个境界，就是所谓如来，心如明镜，此心打扫得干干净净，没有主观，没有成见，物来则应。事情一来，这个镜子就反映出来，今天喜怒哀乐来，就有喜怒哀乐，过去不留，一切事情过去了就不留。宋朝大诗人苏东坡，是学禅的，他的诗文境界高，与佛法、禅的境界相合。他有个名句："人似秋鸿来有信，事如春梦了无痕。"

这是千古的名句，因为他学佛，懂了这个道理。"人似秋鸿来有信"，苏东坡要到乡下去喝酒，去年去了一个地方，答应了今年再来，果然来了。"事如春梦了无痕"，一切的事情过了，像春天的梦一样，人到了春天爱睡觉，睡多了就梦多，梦醒了，梦留不住，无痕迹。人生本来如大梦，一切事情过去就过去了，如江水东流，一去不回头。老年人常回忆，想当年我如何如何……那真是自寻烦恼，因为一切事不能回头，像春梦一样了无痕。

人生真正体会到事如春梦了无痕，就不需要再研究《金刚经》了。"应如是住，如是降伏其心"，这个心无所谓降，不需要降。烦恼的自性本来是空的，所有的喜怒哀乐、忧悲苦恼，当我们在这个位置上坐下来的时候，一切都没有了，永远也拉不回来了。

（选自《金刚经说什么》）

善护念

时长老须菩提,在大众中,即从座起,偏袒右肩,右膝着地,合掌恭敬,而白佛言:希有世尊。如来善护念诸菩萨,善付嘱诸菩萨。世尊。善男子,善女人,发阿耨多罗三藐三菩提心。云何应住?云何降伏其心?佛言:善哉善哉。须菩提,如汝所说,如来善护念诸菩萨,善付嘱诸菩萨。汝今谛听,当为汝说。善男子,善女人,发阿耨多罗三藐三菩提心,应如是住,如是降伏其心。唯然,世尊。愿乐欲闻。

这段文字,好像给我们写了一段剧本,描写当时的现场。"时"就是当时,就是佛把饭吃好了,脚洗好了,打坐位置也铺好了,两腿也盘好了,准备休息。可是我们这一位须菩提老学长不放过他,意思是您老人家慢一点休息吧!我还有问题,代表大家提出来问。须菩提合掌,就是向老师先行个礼,"而白佛言"。"白"就是说话,古文叫"道白",是南北朝时候的说法,后来唱戏的也有道白,唱的时候是唱,不唱的时候说几句话，就是道白。"希有世尊"，佛经上记载印度的礼貌，向长辈请示以前，要先来一套赞叹之词，等于我们中国人看到前辈就说："哎呀，您老人家真好啊，上一次蒙您老人家照顾，您老人家给我启发太多了！"我也经常碰到年轻人对我这样说。《金刚经》已经把赞叹的话浓缩成四个字了，其他的经典中，弟子们起来问佛，都是先说一大堆恭维话。佛是很有定力的，等你恭维完了，才睁开眼睛说："你说吧！"这里的浓缩就是鸠摩罗什翻译的手笔，只用四字——"希有世尊"，世间少有，少见不可得的世尊。

须菩提接着说："如来善护念诸菩萨，善付嘱诸菩萨。"

"善护念"这三个字，鸠摩罗什不晓得是用了多少智慧翻译的。后来禅宗兴盛以后，有一位在家居士，学问很好，要注解《思益经》，去见南阳慧忠国师。慧忠国师说："好呀！你学问好，可以注经啊！"说着就叫徒弟端碗清水，放七粒米在里头，再放一双筷子在碗上，然后问：你晓得我现在要干什么吗？居士说：师父，我不懂。慧忠国师说：好了，我的意思你都不懂，佛的意思你懂吗？你随便去翻译，随便去注解吗？

很多人以为自己佛学搞好了，就开始写作了，可是研究鸠摩罗什的传记，就知道他是一个到达悟道、成道的大菩萨境界的人，他当时翻译的"善护念"这三个字，真了不起。

不管儒家还是佛家、道家，以及其他一切的宗教，人类一切的修养方法，都是这三个字——善护念。好好照应你的心念，起心动念，都要好好照应你自己的思想。如果你的心念坏了，只想修成神通，手一伸，银行支票就来了，或是有些年轻人，想得神通，就看见佛菩萨了，将来到月球不要订位子，因为一跳就上去了。用这种功利主义的观念来学佛打坐是错误的。你看佛！多么平淡，穿衣服，洗澡，打坐，很平常，绝不是幻想，绝不乱来，也不带一点宗教的气息，然后教我们修养的重点就是"善护念"。

善，好好地照顾自己的思想、心念、意念。譬如我们现在学佛的人，有念佛的，能念"南无阿弥陀佛"到达一心不乱，也不过是善护念的一个法门。我们打坐，照顾自己不要胡思乱想，也是善护念。一切宗教的修养方法，都是这三个字。《金刚经》的重点在哪里？就是善护念。大家要特别注意！

因讲到善护念，我们晓得佛经、佛学里三十七道品菩提道次第，修大彻大悟的方法中，有个四念处，就是念身、念受、念心、念法。念心是四念处里非常重要的，随时念这个心，知道了这个念头，就是善护念。我们的这个身心很重要，念身，此身无常。念心，我们的思想是生灭的、靠不住的，一个念头起来也立刻就过去了。去追这个念头，当它是实在的心是错误的，因为这个思想每一秒钟都在变去。

什么叫念？一呼一吸之间叫作一念。照佛学的解释，人的一念就有八万四千烦恼。烦恼不一定是痛苦，但是心里很烦。譬如，有人坐在这里，尽管《金刚经》拿在手上，也在护念，他护一个什么念呢？一个烦恼之念，不高兴。自己也讲不出来为什么不高兴，连自己都不知道，医生也看不出来，这就是人生的境界，经常都在烦恼之中。

烦恼些什么呢？就是"无故寻愁觅恨"，这是《红楼梦》中的词，描写一个人的心情。其实每个人都是如此啊！"无故"，没有原因的；"寻愁觅恨"，心里讲不出来，烦得很。"有时似傻如狂"，这本来是描写贾宝玉的昏头昏脑境界，饭吃饱了，看看花，郊游一番，坐在那里，没有事啊！烦，为什么烦呢？"无故"，没有理由的，又傻里瓜叽的……这就是描写人生，描写得也非常恰当。所以《红楼梦》的文学价值被推崇得那么高，是很有道理的。

《西厢记》中也有对人心理情绪进行描写的词句："花落水流红，闲愁万种，无语怨东风。"没得可怨的了，把东风都要怨一下。哎！东风很讨厌，把花都吹下来了，你这风太可恨了。然后写一篇文章骂风，自己不晓得自己在发疯。这就是人的境界。"花落水流红，闲愁万种"是什么愁呢？闲来无事在愁。闲愁究竟有多少？有一万种，讲不出来的闲愁有万种。结果呢，一天到晚怨天尤人，没得可怨的时候，"无语怨东风",连东风都要怨,人情世故的描写,真妙到了极点。

这是我们讲到人的心念,一念之间,包含了八万四千的烦恼,这也就是我们的人生。解脱了这样的烦恼,空掉一念就成佛了,就是那么简单。但是在行为上要护念,要随时照顾这个念头。我们研究完了《金刚经》,看到佛说法高明,须菩提问话高明,不像我们有些同学:老师,我打扰你两分钟。我说:一定要好几分钟,你何必客气呢?多几分钟就多几分钟嘛!不老实,说要问问题就好了嘛!然后,他讲了老半天,他讲的话,我都听了,主题在哪里,我不知道,不晓得问什么,结果弄得我无语怨东风。

在须菩提问问题时,事实上答案就出来了,这是《金刚经》的精神不同于其他经典的地方。佛抓到这个主题,答案的两句话也是画龙点睛。所以禅宗祖师特别推崇这一本经,因为这一本经的经文精神特别。诸位要成佛,这两句话已经讲完了,问题与答案都在这两句话中了。"善护念""善付嘱",这两句话等于许多同学问:老师啊,怎么做功夫呀?我现在还在练气功啊,听呼吸,念佛,你好好教我啊!还有许多人去求法,花了很多时间和金钱求个法来。法可以求来吗?有法可求吗?这是个妄想!就是烦恼。

法在哪里?法在你心中,就是"善护念"三个字。"善护念"

是一切修行的起步，也是一切佛的成功和圆满。这个主要的问题，就是《金刚经》的一只金刚眼，也就是《金刚经》的正眼，正法眼藏。

（选自《金刚经说什么》）

《牧牛图》与渐修调心

《牧牛图》是宋代普明禅师的作品,讲禅宗渐修的法门。这个图在明朝禅宗是很有名的,当年是木版的画,日本人更捧这个《牧牛图》。一条黑牛,发疯一样到处乱跑,牧牛的小孩子拿着绳子在后面追。这代表什么呢?代表我们这个心,思想情感就是这一条黑牛,到处乱跑。这个牧牛的小孩拿绳子在后面追不上,拴不住。我们打起坐来,心念第一步就是这样。他写了四句诗:

一　未牧
狰狞头角恣咆哮,奔走溪山路转遥。
一片黑云横谷口,谁知步步犯佳苗。

"狰狞头角恣咆哮",牛的那两个角,威风得很,我们形容一个人很聪明,就是"头角峥嵘"。"恣"是放任自己,"咆哮"是发脾气乱跑乱叫,到处吹牛。"奔走溪山路转遥",这一条牛在山上田地里乱跑,越跑越远,我们的情绪妄想就是这一条牛。"一片黑云横谷口",天黑了,不知道跑哪里去了。第四句话是自己的反省,这个妄想情绪到处乱跑,"谁知步步犯佳苗",自己把善良的根都扯断踏平了,挖了自己的根,好的种苗都不发了。这是《牧牛图》的第一步,就是我们打起坐来,平常情绪思想乱跑,想了很多的花样,要做这个,要做那个,或者要做生意发财,要做官,都是妄想在乱跑。这个题目叫《未牧》,拴不住自己的妄想心念。

二 初调
我有芒绳蓦鼻穿,一回奔竞痛加鞭。
从来劣性难调制,犹得山童尽力牵。

第二步我们只好学打坐,自己观心了。十六特胜讲"知",知道了,犯了错误,要把这个心拉回来。"初调",总算找到了思想念头,把这个乱跑的思想拴住了。"我有芒绳蓦鼻穿",拿个绳子把这个牛的鼻套进去。现在我们用佛法的修出入息,用这个气;呼吸这个气是条绳子,把心性这个牛套进去。"一回奔竞痛加鞭",这个牛再发脾气乱跑,就抽它一顿鞭子。所以你打起坐来修安那般那就是一条绳子,把这个心念拉回来。"从来劣性难调制",乱跑了,就重新来过。像修呼吸法,安那般那，一下又忘了，又是别的思想来，心息没有配合所以又跑了，这是自己的习性，爱向外跑。"犹得山童尽力牵"，要靠这个牧童拉回来，牧牛童子是我们人自己的意志，用意志把思想念头拉回来了。这是第二个图案，你看画的这一条绳子，穿到牛鼻子上去了，这个牛要走，这个小孩拼命拉。

三 受制
渐调渐伏息奔驰，渡水穿云步步随。
手把芒绳无少缓，牧童终日自忘疲。

第三步叫"受制"，"渐调渐伏息奔驰"，这个牛给绳子穿惯了，渐渐乖了，小孩子轻轻一拉就带走了。

这里我讲一个故事给你们听。抗战的时候，我有两个师长朋友，一个带兵笨笨的，胖胖的，他的部队很散漫，不大训练的，可是打起仗来他的兵都会拼命。另一个带兵非常精明，没有哪一点不知道。有一天，我去看他，正好看他的部队经过，有一匹马在跑，他就骂那个管马的马夫：笨蛋！把那匹马拴住。马夫跑过去拼命地拉，反而被马拉着跑。这个师长跑过去，两个耳光一打，把绳子接过来，一转一转，转到马的旁边，轻轻一带就拉过来了，然后把绳子交给马夫，又打他两个耳光：笨蛋！马都不会带。

牛也好，马也好，发了脾气，你把那条绳子转一转，转到鼻子边上，轻轻一拉，它就跟你走了。你看佛教我们修安那般那，你心念乱跑，心性宁静不下来，所以佛教你眼观鼻，鼻观心，只要把呼吸管住，慢慢那个心念就调伏了。所以我讲的这个故事是亲自看到的，看到"渐调渐伏息奔驰"，这个牛不敢乱跑了，鼻子拉住了。

"渡水穿云步步随"，这个牛跟着小牧童，一个七八岁的孩子，跟着他一步步走，乖乖的不敢动，因为绳子在牧童手里，气已经被控制了。"手把芒绳无少缓，牧童终日自忘疲"，牧童手里拿着芒绳，一步都不敢放松。所以你用功做呼吸法调息，自己不感觉疲劳。你看这个图案，黑牛的头变白了，呼吸已经慢慢调柔了，自己看住它。你的牧童是什么？就是意识。你的绳子是什么？就是气，出入气，安那般那。

你的意识心念专一把心息合一调柔，这是第三步了。你看他画的图案，这个牧童很轻松了，拿着鞭子，随便拿个树枝。牛呢？头开始变白了。白代表善良，黑代表恶业。所以佛经上说做好事叫作造白业，做坏事叫作造黑业。受制了，你的功夫心息就能够合在一起了。

四 回首

日久功深始转头，颠狂心力渐调柔。

山童未肯全相许，犹把芒绳且系留。

第四步"回首"，这个牛回头了，就是心念给呼吸、给绳拴住了。"日久功深始转头"，这个牛不乱跑，心归一了。"颠狂心力渐调柔"，平常那个乱跑的心性软下来了，跟着呼吸的来去，就是数息以后随息了。"山童未肯全相许，犹把芒绳且系留"，可是我们的意念不要放松，心息固然可以合一了，心念专一还不能放手。这个图案画得很有意思，牛的头颈这里都变白了，个性柔和得多了。本来这个放牛的孩子是站在牛旁边的，第六意识不用心了，不过拉牛的绳子还要拉住。

五　驯伏
绿杨阴下古溪边，放去收来得自然。
日暮碧云芳草地，牧童归去不须牵。

再进一步"驯伏"，"绿杨阴下古溪边"，这个放牛的孩子不拉绳子了，意念不再那么用力，自己的心性思想也不再乱跑，随时跟出入息合一了。这就是六妙门的随息快到止息的阶段。"放去收来得自然"，舒服啊，这个牛乖了，思想不乱跑，随时在做功夫的境界里。"日暮碧云芳草地"，这个境界自然舒泰。"牧童归去不须牵"，牧牛的孩子手拿牛绳，自己回家了，牛也不拉了。我们小的时候在乡下看过，那个乖的牛，到晚上自己会回来的。画的牛已经三分之二都变白了，善良了。

六　无碍

露地安眠意自如，不劳鞭策永无拘。
山童稳坐青松下，一曲升平乐有余。

第六步"无碍"，这个牛差不多全白了，都是善良，心性调伏了，只剩尾巴那里一点还是黑的。牧牛的孩子在哪里呢？吹笛子去了，自己去玩了，牛归牛，小孩子归自己了。这个图案叫"无碍"，功夫差不多打成一片了。"露地安眠意自如"，露地就是旷野空地，白天夜里功夫自然上路了，永远在清净定的境界里头。意识不用心，自然都是专一清净，就是我们第一次讲的，已经是四瑜伽到"离戏"阶段了。"不劳鞭策永无拘"，这个牛都不要管了，心性妄念自然不生，清净了，也不要鞭子打了，也不要注意了。这个第六意识自然清净，妄念清净了。"山童稳坐青松下，一曲升平乐有余"，身心非常安详。这个牧童什么都不要管，这个第六意识、意根已经清净，稳坐青松下面，无事吹笛子玩。宋人的诗"短笛无腔信口吹"，随便了。这个牛呢？到家了没有？还早呢！

七　任运

柳岸春波夕照中，淡烟芳草绿茸茸。

饥餐渴饮随时过，石上山童睡正浓。

到了第七步"任运"，这个牛后面的尾巴也没有黑的了，剩下的都是善业，念念清净。"柳岸春波夕照中"，诗中的图画多可爱啊！江南的春天，水绿山青，堤岸杨柳，太阳照下来的那个境界。"淡烟芳草绿茸茸"，烟雨蒙蒙，淡淡的烟雾，满地都是芳草，绿杨一片青幽。这个时候有没有妄念呢？有妄念。但是处理任何事情，自己念念空，没有烦恼，很自在，观自在菩萨了。"饥餐渴饮随时过"，饿了就吃，口干了就喝，随缘度日，一切无碍。

《心经》上说："心无挂碍，无挂碍故，无有恐怖，远离颠倒梦想。"第六意识呢？这个牧童呢？"石上山童睡正浓"，睡了，太舒服的境界，第六意识不起分别了。你看画的那个小孩子，躺在那里睡觉，牛也没有离开，自然在吃草。功夫到这一步叫作任运自在。哪怕你做董事长，做老板，或者给人家打工，开会、做工的时候，心境都是一样的。就是十六特胜的"受喜，受乐，心作喜，心作摄，心作解脱"那么自在。

八　相忘

白牛常在白云中，人自无心牛亦同。

月透白云云影白，白云明月任西东。

这是第八步功夫"相忘"，这个牛不是普通的牛了，已经升天，相忘了，也没有呼吸往来，也没有妄念，也没有身体，也没有空，也没有知觉，也没有感觉，一片清净，一片善的境界。"白牛常在白云中"，一片光明。"人自无心牛亦同"，一切烦恼都没有，一切妄念没有了，身心在这个境界。"月透白云云影白"，月亮透过白云光明出来，白云、月亮，一片光明，"白云明月任西东"。这第八步功夫是得大自在，观自在菩萨照见五蕴皆空，心无挂碍。

九　独照

牛儿无处牧童闲，一片孤云碧嶂间。

拍手高歌明月下，归来犹有一重关。

第九步"独照"，牛没有了，妄念杂想没有了。牧童，第六意识睡觉也走了，什么都没有。"牛儿无处牧童闲"，牛找不到了，牧童闲，就是意识清明。百丈禅师讲的"灵光独耀，迥脱根尘"。牧童悠闲自在，牧童就是我们自己。"一片孤云碧嶂间",青天上面还有一点点白云;碧嶂,这个境界清明,牧童自己明白了,功夫到了。"拍手高歌明月下",一切空了。密宗讲见到空性,空了什么都没有,你以为对了吗?还早呢。"归来犹有一重关",古人说"莫道无心便是道,无心犹隔一重关",因为你观空了却不能起用,一起心动念就觉得乱,那是功夫没有到家。所以我骂某人,要他功夫做到了再出来做事,那个时候就不会乱了。所以这步叫"独照",能够出世,不能入世,还不行,不是大菩萨的境界。

十 双泯

人牛不见杳无踪,明月光含万象空。
若问其中端的意,野花芳草自丛丛。

到了第十步"双泯",能够入世,也能够出世,提得起也放得下,能够空也能够有。这个时候就可以入世做事了,在家出家都可以,做男做女也可以。"双泯",空有都没有了,人也不见,牛也不见。"人牛不见杳无踪",照见五蕴皆空了。"明月光含万象空",只有自性一片光明,有也可以,无也可以;入世也可以,出世也可以;烦恼也可以,不烦恼也可以。功夫到这一步境界,可以说修行有了成就,差不多可以开悟了。"若问其中端的意",究竟怎么是对的呢?很自然,"野花芳草自丛丛"，到处都是，不一定出家才能做到，也不一定在家才能够修道。得大自在，就是观自在菩萨。

《牧牛图》讲完了，我们这里这一条牛也摆在前面，怎么管它？有十步功夫，心地法门配合十六特胜，现在你都知道了。

（选自《禅与生命的认知初讲》）

第五章

修心之境

修道者的境界

古之善为士者，微妙玄通，深不可识。夫唯不可识，故强为之容。豫兮若冬涉川，犹兮若畏四邻，俨兮其若客，涣兮若冰之将释，敦兮其若朴，旷兮其若谷，混兮其若浊。

上古时代所谓的"士"，并不完全同于现代观念中的读书人，"士"的原本意义，是指专志道业、真正有学问的人。一个读书人，必须在学识、智慧与道德的修养上，达到身心和谐自在，世出世间法内外兼通的程度，符合"微妙玄通，深不可识"的原则，才真正够资格当一个"士"。

以现在的社会来说，作为一个士，学问、道德都要精微无瑕到极点。如同孔子在《礼记》中提到《易经》时所言："洁静精微。""洁静"，是说学问接近宗教、哲学的境界。"精微"，则相当于科学上的精密性。道家的思想，亦从这个"洁静精微"的体系而来。

所以老子说："古之善为士者，微妙玄通。"意思是说精微到妙不可言的境界，洁静到冥然通玄的地步，便可无所不知、无所不晓了。而且，"妙"的境界勉强来说，万事万物皆能恰到好处，不会有不良的作用。正如古人的两句话："圣人无死地，智者无困厄。"一个大圣人，面对再怎么样恶劣的状况，无论如何也不会走上绝路。一个真正有大智慧的人，根本不会受环境的困扰，反而可以从重重困难中解脱出来。

"玄通"二字，可以连起来解释，如果分开来看，那么"玄之又玄，众妙之门"，这正是老子本身对"玄"所下的注解。更进一步来说，即是万物皆可以随心所欲，把握在手中。道家形容修道有成就的人为"宇宙在手，万化由心"。意思在此。一个人能够把宇宙轻轻松松地掌握在股掌之间，万有的千变万化由他自由指挥、创造，这不是比上帝还要伟大吗？

至于"通"，是无所不通达的意思，相当于佛家所讲的"圆融无碍"。也就是《易经·系辞》上所说的"变动不居，周流六虚"。"六虚"，也叫"六合"，就是东、南、西、北、上、下，凡所有法，在天地间都是变幻莫测的。以上是说明修道有所成就，到了某一阶段，便合于"微妙玄通，深不可识"的境界。

因此，老子又说："夫唯不可识，故强为之容。"一个得道有所成就的人，一般人简直没有办法认识他，也没有办法确定他，因为他已经圆满和谐，无所不通。凡是圆满的事物，无论站在哪一个角度来看，都是令人肯定的，没有不顺眼的。

若是有所形容，那也是勉勉强强套上去而已。

接着老子就说明一个得道人所应做到的本分，其实也是点出了每个人自己该有的修养。换句话说，在中国文化道家的观念里，凡是一个知识分子，都要能够胜任每一件事情。再详加研究的话，老子这里所说的，正与《礼记·儒行》所讲的上古时一个读书人的行为标准相符。不过《老子》这一章中所形容的与《礼记·儒行》的说辞不同。以现在的观念来看，《礼记·儒行》的描写比较科学化，有规格。道家老子的描写则偏向文学性，在逻辑上走的是比喻路线，详细的规模由大家自己去定。

"豫兮若冬涉川"，一个真正有道的人，做人做事绝不草率，凡事都先慎重考虑。"豫"，有所预备，也就是古人所说的"凡事豫立而不劳"。一件事情，不经过大脑去研究便贸然下决定，冒冒失失地去做，去说，那是一般人的习性。

"凡事都从忙里错，谁人知向静中修。"学道的人，因应万事，要有非常从容的态度。做人做事要修养到从容逸豫，"无为而无不为"。"无为"，表面看来似没有所作所为，实际上，却是智慧高超，反应迅速，举手投足之间早已考虑周详，事先早已下了最适当的决定。看他好像一点都不紧张，其实比谁都审慎周详，只是因为智慧高，转动得太快，别人看不出来而已。并且，平时待人接物，样样心里都清清楚楚，一举一动毫不含糊。这种修养的态度,便是"豫立而不劳"的形相。

这也正是中国文化中的千古名言,也是颠扑不破、人人当学的格言。如同一个恰到好处的格子,你无论如何都没有办法违越,它本来就是一种完美的规格。

但是"豫兮"又是怎样的"豫"法呢?答案是"若冬涉川"。这句话从文字上很容易懂,就是如冬天过河一样。可是冬天过河,究竟是什么样子?在中国南方不易看到这类景象,要到北方才体会得出来个中滋味。冬天黄河水面结冰,整条大河可能覆盖上一层厚厚的冰雪。不但是人,马车、牛车等各种交通工具也可以从冰上跑过去,但是千万小心,有时到河川中间,万一踏到冰水融化的地方,一失足掉下去便没了命。

古人说"如临深渊,如履薄冰",正是这个意思。做人处事,必须小心谨慎、战战兢兢的。虽然"艺高人胆大",本事高超的人,看天下事,都觉得很容易。如果是智慧平常的人,反而不会把任何事情看得太简单,不敢掉以轻心,而且对待每一个人,都当作比自己高明,不敢贡高我慢。所以,老子这句话说明了,一个有修为的人,必须时时怀着好比冬天从冰河上走过,稍有不慎,就有丧失生命的危险之心,加以戒慎恐惧。

接着,老子又做了另外一个比喻——"犹兮若畏四邻",来解释一个修道者的思虑周详,慎谋能断。"犹"是猴子之属的一种动物,和狐狸一样,它要出洞或下树之前,一定先把四面八方的动静看得一清二楚,才敢有所行动。这种小心翼翼的特点,也许要比老鼠伟大一点。我们形容为做事胆子很小,畏畏缩缩,没有信心而犹豫不决。另有一句谚语,便是"首鼠两端"。这句话的含义和犹豫不决差不多。只要仔细观察老鼠出洞的模样,便会发现,老鼠往往刚爬出洞几步,左右一看,马上又迅速转头退回去了。它本想前进,却又疑神疑鬼,退回洞里,等一会儿,又跑出来,可是还没多跑几步路,又缩回去了。如此,大概需要反复几次,最后才敢冲出去。"犹"这种动物也一样,它每次行动,必定先东看看、西瞧瞧,等一切都观察清楚,知道没有危险,才敢出来。

这是说,修道的人在人生的路程上,对于自己,对于外界,都要认识得清清楚楚。"犹兮若畏四邻",如同犹一样,好像四面八方都有情况,都有敌人,心存害怕,不得不提心吊胆,小心翼翼。就算你不活在这个复杂的社会里,或者只是单独一个人走在旷野中,总算是没有敌人了吧!然而这旷野有可能就是你的敌人,走着走着,说不定你便在这荒山野地跌了一跤,永远爬不起来。所以,人生在世就要有那份小心。

"俨兮其若客",表示一个修道的人,待人处事都很恭敬,随时随地绝不马虎。子思所著的《中庸》,其中所谓的"慎独",恰有类同之处。一个人独自在夜深人静的时候,虽然没有其他的外人在，却也好像面对祖宗、面对菩萨、面对上帝那么恭恭敬敬，不该因独处而使行为荒唐离谱，不合情理。

《礼记》中第一句话是"毋不敬，俨若思"，真正礼的精神，在于自己无论何时何地皆抱着虔诚恭敬的态度。处理事情，待人接物，不管做生意也好，读书也好，随时对自己都很严谨，不荒腔走板。"俨若思"，"俨"是形容词，即非常自尊自重，非常严正、恭敬地管理自己。胸襟气度包罗万物，人格宽容博大，能够原谅一切，包容万汇，便是"俨兮其若客"，雍容庄重的神态。这是讲有道者所当具有的生活态度，等于是修道人的戒律，一个可贵的生活准则。

上面所谈的，处处提到一个学道人应有的严肃态度。可是这样并不完全，他更有洒脱自在、怡然自得的一面。究竟洒脱到什么程度呢？"涣兮若冰之将释"，春天到了，天气渐渐暖和，冰山雪块遇到暖和的天气就慢慢融化、散开，变成清流，普润大地。我们晓得孔子的学生形容孔子"望之俨然，即之也温"，刚看到他的时候，个个怕他，等到一接近相处时，倒觉得很温暖、很亲切。"俨兮其若客，涣兮若冰之将释"，就是这么一个意思。前句讲人格之庄严宽大，后句讲胸襟气度之潇洒。

不但如此，一个修道人的一言一行、一举一动，"敦兮其若朴",也要非常厚道老实、朴实不夸。像一块石头,虽然里面藏有一块上好的宝玉,或者金刚钻一类的东西,但没有敲开以前,别人不晓得里面竟有无价之宝。表面看来,只是一个很粗陋的石块。或者有如一块沾满灰泥、其貌不扬的木头,殊不知把它外层的杂物一拨开来,便是一块可供雕刻的上等楠木,乃至更高贵、更难得的沉香木。若是不拨开来看,根本无法一窥究竟。

至于"旷兮其若谷",则是比喻思想的豁达、空灵。修道有成的人,脑子是非常清明空灵的,如同山谷一样,空空洞洞,到山谷里一叫,就有回声,反应很灵敏。为什么一个有智慧的人反应会那么灵敏?因为他的心境永远保持在空灵无着之中。心境不空的人,便如庄子所说"夫子犹有蓬之心也夫",整个心都被蓬茅塞死了,等于现在骂人的话:"你的脑子是水泥做的,怎么那样不通窍?"整天迷迷糊糊,莫名其妙,岂不糟糕!心中不应被蓬茅堵住,而应海阔天空,空旷得纤尘不染。道家讲"清虚",佛家讲"空",空到极点,清虚到极点,这时候的智慧自然高远,反应也就灵敏。

其实,有道的人是不容易看出来的。老子说过:"和其光,同其尘。"表面上给人看起来像个"混公",大浑蛋一个,"混兮其若浊",昏头昏脑,浑浑噩噩,好像什么都不懂。因为真正有道之士,用不着刻意表示自己有道,自己以为了不起。

用不着装模作样,故作姿态。本来就很平凡,平凡到混混浊浊,没人识得。

这是修道的一个阶段。依老子的看法,一个修道有成的人,是难以用语言文字去界定他的。勉强形容的话,只好拿山谷、朴玉、释冰等意象来象征他的境界,但那也只是外形的描述而已。

（选自《老子他说》）

心性修养不同层次

浩生不害（孟子的学生）问曰："乐正子，何人也？"孟子说："善人也，信人也。"这个人学问修养很高的，他是个好人，是个善人，是个信人。不过他讲的善与信，不是我们的观念，等于佛教讲菩萨有几个层次，又譬如讲罗汉也分四等：初果罗汉、二果罗汉、三果罗汉、四果罗汉。菩萨分十种，由初地、二地菩萨一直到十地菩萨，是有学问修养的阶序的。

孟子这里讲，修养做功夫的道理，分好几层。他答复浩生不害说，乐正子这个人，是个善人、信人，层次在这两步功夫之间。

浩生不害又问了："何谓善？何谓信？"古代的文章就简化了，因为那个时候没有纸张，是靠刀刻的，太麻烦了。他说："老师啊，你怎么给他下的一个定论是善与信之间呢？怎么样叫作善？怎么样叫作信？"

孟子就讲了："可欲之谓善，有诸己之谓信，充实之谓美,充实而有光辉之谓大,大而化之之谓圣,圣而不可知之之谓神。"

"可欲之谓善",第一个阶段;"有诸己之谓信",第二个阶段;"充实之谓美",第三个阶段;"充实而有光辉之谓大",第四个阶段;"大而化之之谓圣",第五个阶段;"圣而不可知之之谓神",第六个阶段。

"乐正子,二之中,四之下也。"孟子接着跟学生讲,你刚才问的乐正子这个人,"二之中",在善与信之间,只到这个程度,"四之下",还没有达到。

孟子这一篇讲尽心,讲修养,你们要做老板、领袖,搞管理学,先管理自己吧!自己性情管理好,智慧管理好,理性管理好,然后再管理别人,再谈事业。

所以,什么叫政治?中国人讲的政治,意思是"正己而后正人"。自己都不行,还能领导别人吗?人家让你领导,是为了利害关系,为了待遇,为了钞票,并不是服气你;你要使他服气就不是这么简单了。所以说"正己而后正人",要"作之君,作之亲,作之师"就难了。

什么叫"可欲之谓善"?因为我跟小陈两个是老朋友了,只好拿他来开玩笑,拿他来做这个模特儿,做榜样。小陈天天喜欢打个坐,拿个念佛珠,都是跟我玩这一套。当然一边念佛,一边骂人家笨蛋啊,两个连起来没有关系的,至少他觉得对这个念佛的事情，非常喜欢了。

我晓得，他过去能吃能喝，他现在也不想吃，不是肠胃不好；也不想喝，也不想管，最好有机会来写字啊，读书啊，打坐啊。可以说走上这一条路，"可欲之谓善"，他有欲望了，对这个爱好，别的坏事不要了，只向这个路上走。

但是呢，他这个修养，没有改变他的身心。我常常说：小陈啊，你最近好像疲劳一点，你还要多注意啊！我是客气话。背后同学跟我讲：老师你怎么讲他疲劳？我说：两个月没有见面，看到小陈蛮可怜的，够劳累，老一点了。当然，我自己也已经很老了。他功夫还没有到身上来，还没有"有诸己"。所以修道家的，修佛家的，做功夫有一句话，叫作"功夫还没有上身"，儒家叫作气质的变化还太慢。这个气质是科学哦！这个气质就是生命的每一个细胞、每一个筋骨的变化。所以修养到了的，孟子讲"善养吾浩然之气……塞于天地之间"，那是真的哦！那不是普通的练气功哦！

这些功夫一步一步到了，气质变化了，叫"有诸己"，这个"己"是自己，到身上来，功夫上身了。譬如我们讲，打坐不算什么，打坐是生活的一个姿势，没有什么了不起的。你不要看和尚道士闭眉闭眼打坐，那是吃饱了饭没有事。我说人生最好是打坐，这个事情呢，两条腿是自己的，眼睛休息了，坐在那里不花本钱，人家还来拜你，说你有道，你看这个生意多好嘛！一毛钱不花，冒充大师。可是真的功夫就难了，要上身才行，身心才有变化，所以说"有诸己之谓信"。

然后，第三步是"充实之谓美"。怎么叫充实？以道家来讲，就是"还精补脑，长生不老"了。像我们这里有些同学，男的女的好几个，都是经常练印度的瑜伽，身体都变化了，也变年轻了，有病的变没病了。练内功这一套，身体也会转变。转变到最后，这个身体的生命变充实了，这种充实才叫作"美"，是真正的内在之美，不是外形的。

然后呢，"充实而有光辉之谓大"。这就很神妙了。有些学佛修道的，做起功夫来，修养到了，内在外在放出光明来。《庄子》里就有句话很难懂，"虚室生白,吉祥止止",《千字文》也引用这句话，叫作"虚堂习听"。你坐在一个空的房间里，电灯都关了，黑暗的，修养到高明处，一下亮了，内外光明什么都看见了，就是"虚室生白，吉祥止止"。修养的功夫到了这一步，大吉大利。并不是到家哦！是很吉祥了。"止止"，即真正宁定的宁定，真正得了一种宁定的修养，这就是孟子在这里讲的"充实而有光辉之谓大"。

现在，大家找认知科学、生命科学，还有个信息科学。最好的信息是什么？有神通！也不用电脑，自己坐在那里"虚室生白"，什么都知道，能知过去未来。那多好啊！何必买电脑呢？一毛钱也不花。可是你做得到吗？做不到，所以"充实而有光辉之谓大",做不到。

"大而化之之谓圣",唉,这就很难讲了,现在我也讲不出来。"大而化之之谓圣",是圣人境界,这就到了非常伟大的境界了,可以神通变化了。佛家讲罗汉、菩萨,儒家叫圣贤,道家叫神仙,总而言之,统统叫作"圣"。圣到什么程度呢?"圣而不可知之之谓神",是成仙成佛。

(选自《南怀瑾讲演录:2004—2006》)

八风吹不动

颜回曰:"回之未始得使,实自回也;得使之也,未始有回也;可谓虚乎?"

颜回听了孔子的方法,就去打坐做功夫了。坐了一下,起来向孔子报告:"回之未始得使,实自回也。"他说:老师啊,你教我这个方法,我就开始上座。等于你们打坐一样,开始上来,"未始得使",不习惯,身跟心配合不拢来,耳朵叫它不听偏要听;尤其听到流行歌曲的时候,虽然说我现在在打坐,不想听,但那个心里已经跳起舞来,肩膀都摇起来了。那个时候我没有入道,"实自回也",我还是我。"得使之也",慢慢我上了路,心跟气两个合一了,"未始有回也",忘掉我自己了,都没有我自己了。我们一般青年同学,还学不到颜回这一步哦!他说那个时候,心也没有,呼吸也没有,也忘掉了我,我是不是颜回都忘掉了。"可谓虚乎?"他说:老师啊,这样是不是达到空灵的境界?

夫子曰："尽矣。吾语若！若能入游其樊而无感其名，入则鸣，不入则止。"

孔子一听颜回的报告就说："尽矣。吾语若！"好了，对了！第一步到了，我再告诉你进一步，"若能入游其樊而无感其名"，"入游其樊"，进了这个樊门樊篱。他说：你功夫做到这一步，达到无我的境界，不过只是入门而已。"而无感其名"，但是我告诉你，还没有到家哦！内心的感应还会有。虽然你很空灵，如果有人碰你，你还会动念，你现在这个清净、这个空是靠不住的。

像在座的诸位，打坐的、学佛的、修道的、修密的，好像各路英雄、各路神仙都有，大家平常瞎猫碰到死老鼠的时候，这种小小的经验，偶然都经历过，但是不能永恒。碰到了就有，两腿一放就没有了，那是修腿不是修道。有时候它来撞你，你就有道，你要找它，就找不到，对不对？追不到这个道，比追求男女爱情还痛苦，对不对？身体健康的时候，有这个境界；一生起病来，就靠不住了，只晓得痛苦，不能够心宁，当然也就不能够空灵了。这就叫作"若能入游其樊而无感其名"，你还是受外界牵引的，这个"名"字代表了外面的事理，一切事、一切理、一切外物，都还能够牵引动你。

"入则鸣"就是佛经上一句话,"境风吹识浪",外境界的风一来,这个心波就被吹动了。袁世凯的儿子袁寒云有一首名诗,中间有两句更好:"波飞太液心无住,云起魔崖梦欲腾。"这是讲他的父亲袁世凯,要想当皇帝是不对的啦!"太液"是道家的话,是天上神仙的池水,指这个心池。"波飞太液"就是"境风吹识浪"。外境界的风一来,吹起心里的波浪,不能停止,所以说"波飞太液心无住"。当妄念一来的时候,就像"云起魔崖",妄念本身就是魔,哪里有什么外魔!"梦欲腾",你那个梦啊,好像自己要飞起来了,都控制不住。所以袁世凯看了儿子的这些诗,气死了,就骂儿子的老师许地山:都是那个许地山教坏的!大家应该好好背住这两句诗,是无上咒,心里动念的时候,你把这两句一念,大概可以降魔。所以说"无感其名",也就是这个道理,外境界的风一吹,你心中这个定境、这个清净境界就被吹散了。

"入则鸣",外境界一进来,你心里就起共鸣。佛经上讲,大阿罗汉习气没有断都不行。譬如头陀行第一的迦叶尊者,禅宗的第一位祖师,他多生累劫爱好音乐,所以迦叶尊者入灭尽定的时候,天人在奏音乐,他一边在打坐,一边随音乐摇动起来。有的同学打坐,气脉动了也会摇,说不定也是音乐听惯了!旁边的人看见迦叶尊者在摇,就问佛:迦叶尊者怎么搞的啊!他还在定中吗?佛说:还在定啊!他听到音乐拍子就摇动，因为多生累劫爱好音乐的习气没有改，这个习气的业力，在第八阿赖耶识种子里没有变掉，由此可知修行之难。

所以《维摩诘经》上说，天花掉在大阿罗汉身上都粘住了，虽然见色而不爱色，但习气的根根没有拔掉。平常守"心斋"戒不敢动的人，目不斜视，好像已经空了到了家，实际上那个根根一旦爆发就不得了。但是天花落到大菩萨身上，不会粘住，自然就掉下来，因为习气已经断了，当然就不会"入则鸣，不入则止"。好比有人住在高山顶上，不要说看不见人，连鬼也看不见，自我觉得现在好空啊，然后看世界上一般人，多愚痴啊！这些众生忙忙碌碌，哪像我这样多清净啊！那是空话、自欺欺人的话；下山以后，他会变得比普通人还愚痴，还坏！

（选自《庄子諵譁》）

至人 神人 圣人

故曰：至人无己，神人无功，圣人无名。

这三句话是点题啊！那也就是老子所讲真正的无为。不过呢，老子讲原则、原理，庄子却建立了真俗不二，就是一个普通凡人升华了，成为一个非凡的人。

庄子在这里提出几个名词，第一个是"至人"，至者到也，人达到了；换句话说，达到称为一个人的标准了。如果我们没有达到这个境界，不算人，至少不算至人。人要能达到把握自己生命的境界，才叫作至人，做人做到了头。"至人无己"，达到至人境界就无我，没有我自己，这个难了。我们坐在这里，谁能做到无我啊？只有睡觉的时候无我，但那是昏头，不是无我。还有民权东路关帝庙旁边，那些进去了的朋友，他们才无我，可是他们死亡了。要活着做到无我才算，这个无我不是理论，而是功夫。什么功夫呢？能够"乘天地之正，而御六气之辩，以游无穷者，彼且恶乎待哉"，这样才能做到"至人无己"。

至人还有程度的不同，等于后世道家讲神仙有鬼仙、人仙、地仙、天仙、大罗金仙五种，这种观念也是脱胎于老庄。至人是最高的，另外一种人在中间，是超人、神人。墨子也提到"神人"这个名称。什么叫"神人无功"呢？好在后世印度佛学过来，我们可以有一个参考了。

佛学讲，一个人修到第八地以上的菩萨位，叫作无功用地，一切无所用功，那就是老子所讲的"无为"。换句话说，这种神人，上帝也好，菩萨也好，他救世界，救了世界上的人类，人类看不到他的功劳，他也不需要人类跪下来祷告，拜拜，感谢他。那是你感谢自己，同他毫无关系。真正到了神、菩萨境界，他是无功的，无功之功是为大功。他像天地一样，像太阳一样，永远给你光明，他不需要你感谢他，所以"神人无功"。

这类人，也可以勉强给他一个名称，叫他为圣人。"圣人无名"，叫他圣人是假号、代号，说这个叫圣人，那个叫圣人。像我也是"剩"人啊！什么"剩"人啊？算账算下来那个"剩余"的"剩"。剩人是多余的人，活着对社会没有什么贡献，死了也没有什么损失。真正的圣人无名，他不需要名，所以世界上圣人、菩萨、神人很多啊！我经常发现社会上很多人，很普通的人，他们做了好事，做了很了不起的事，谁都不知道。所以我常常看到圣人，那些才是真圣人。

庄子在这个地方提出来第七种超人的真正榜样，比那些神仙还要高。但是在哪里呢？他告诉你，在最平凡的人当中，越是这样的人，越是平凡。所以神仙、神人，了不起的人在哪里找？就在这个现实世界，最平凡的世界中去找。因为"圣人无名"！他是个菩萨，是个神人，绝不会挂一个招牌；如果挂了招牌，那是广告公司的事情，同他没有关系。

《逍遥游》这一篇，前面讲过物化、人化、气化，现在正讲到第四个重点，就是神化。关于神化，庄子提出来三个原则，就是"至人无己，神人无功，圣人无名"。在"圣人无名"这个观念上，我们看到老子、庄子学术思想的合流，我们由此也就了解到庄子所讲"圣人不死，大盗不止"这句话的真正含义了。一般粗心的人把这句话随便读了过去，都认为庄子是在骂圣人。不错，庄子是在骂圣人，是骂一般标榜自己是圣人的假圣人。真正的圣人非常平凡，也不会承认自己是圣人；如果觉得自己有道，是个圣人，这已经不是圣人了。所以庄子是骂那些假圣人，那些只有标语、口号的圣人，那些圣人是假设的，是没有用的。

现在庄子这一句"圣人无名"，正是对老子思想的说明，"圣人无名"，更无所谓圣人不圣人。换句话说，最伟大的人是在最平凡的人里头，能够做到真正的平凡，就是无己、无我、无功。就算已经功盖天下，也觉得自己很平凡；就算道德到达圣人境界，仍觉得自己很平常。

（选自《庄子諵譁》）

开悟的人是什么样子

人人动辄谈开悟,所谓的开悟,究竟如何?标准是什么?最平实的说法是永明延寿禅师在《宗镜录》中提到的,包括了禅宗的见地、修证、行愿。

宋朝有两部大著作:一是司马光的《资治通鉴》,一是永明延寿禅师的《宗镜录》。两者差不多同时。可惜,谈世间学问的《资治通鉴》,流传后世,研究者众。而《宗镜录》几乎被丢到字纸篓里去了,一直到清朝才被雍正提出来,几次下令,特别强调要大家研究这本书。

《宗镜录》告诉我们,什么叫作悟了。书中提出十个问题,悟了的人没有不通经教的,一切佛经教理一望而知,如看小说一样,一看就懂,不须研究。

永明延寿禅师《宗镜录》卷一:

设有坚执己解,不信佛言,起自障心,绝他学路,今有十问以定纪纲。

一、还得了了见性，如昼观色，似文殊等否？

二、还逢缘对境，见色闻声，举足下足，开眼合眼，悉得明宗，与道相应否？

三、还览一代时教，及从上祖师言句，闻深不怖，皆得谛了无疑否？

四、还因差别问难，种种征诘，能具四辩，尽决他疑否？

五、还于一切时一切处智照无滞，念念圆通，不见一法能为障碍，未曾一刹那中暂令间断否？

六、还于一切逆顺好恶境界现前之时，不为间隔，尽识得破否？

七、还于百法明门心境之内，一一得见微细体性根原起处，不为生死根尘之所惑乱否？

八、还向四威仪中行住坐卧，钦承祗对，着衣吃饭，执作施为之时，一一辩得真实否？

九、还闻说有佛无佛，有众生无众生，或赞或毁，或是或非，得一心不动否？

十、还闻差别之智，皆能明达，性相俱通，理事无滞，无有一法不鉴其原，乃至千圣出世，得不疑否？

一个人到底悟了没有，前面这十个问题，可以做判断标准。

第一问，是明心见性的境界，于一切时、一切处、一切事物上，一切清清楚楚，如同白天看画图的颜色一样，与文殊菩萨等人的境界相同。你能这样吗？

第二问，你碰到了人，碰到了事，或者别人当面妨碍了你，总之，逢缘对境包括很广，见色闻声了不动心，日常生活间，甚至晚上睡觉都能合于道，你做得到吗？

第三问，佛教的经典，《法华经》也好，《楞严经》也好，拿过来一看，都懂了，听到最高明的说法也不怖畏，而且彻底地透彻明了，没有怀疑，你做得到吗？

第四问，所有的学人，拿各种学问问你，你能给予解答，辩才无碍吗？

其余还有六问，大家可以自己研究。最后一段：

若实未得如是，切不可起过头欺诳之心，生自许知足之意，直须广披至教，博问先知，彻祖佛自性之原，到绝学无疑之地，此时方可歇学，灰息游心。或自办则禅观相应，或为他则方便开示。设不能遍参法界，广究群经，但细看《宗镜》之中，自然得入。此是诸法之要，趣道之门，如守母以识子，得本而知末，提纲而孔孔皆正，牵衣而缕缕俱来。

若这十个问题连一点都做不到，就不可自欺欺人，自以为是。有任何疑问都应到处向善知识请益，一定要到达诸佛祖师们的境界。祖师们所悟到的，你都做到了，才可达到绝学无疑之地，不须再学。"灰息游心"，妄想心都休息了。"或自办则禅观相应，或为他则方便开示"，到达大彻大悟后，或走小乘的路子，再转修四禅八定，证得果位，六通具足，三身具备，神通妙用，一切具足；或走大乘路子，为他人牺牲自我的修持，出来弘法。

（选自《如何修证佛法》）

平凡的境界

如是我闻。一时佛在舍卫国。祇树给孤独园。与大比丘众。千二百五十人俱。尔时世尊。食时。着衣持钵。入舍卫大城乞食。于其城中。次第乞已。还至本处。饭食讫。收衣钵。洗足已。敷座而坐。

《金刚经》第一章,是说明一切各有不同因缘。佛讲《楞严经》时,开头另有不同,说佛有一天刚吃饱饭,他的兄弟阿难在城里头出事了,佛就马上显神通,头顶放光,那光可大了,化身一出来,传一个咒子,叫文殊菩萨赶快去把阿难救回来。经典的开始虽都不同,但是只有《金刚经》特别,没有什么头顶放光、眉毛放光、胸口卍字放光等。《金刚经》只是从吃饭开始,吃饭可不是一件容易的事。在北京白云观有副名对,从明朝开始的一副对子:"世间莫若修行好,天下无如吃饭难。"

在我们平常的观念里,总认为佛走起路来一定是离地三寸，脚踩莲花，腾空而去。这本经记载的佛，却同我们一样，照样要吃饭，照样要化缘，照样光着脚走路，脚底心照样踩到泥巴。所以回来还是一样要洗脚，还是要吃饭，还是要打坐，就是那么平常。平常就是道，最平凡的时候是最高的，真正的真理是在最平凡之间。真正仙佛的境界，是在最平常的事物上。所以真正的人道的完成，也就是出世、圣人之道的完成。希望青年同学千万记住《金刚经》开头佛的这个榜样、这个精神。

　　学佛法就是学做很平凡的人，规规矩矩、老老实实地做事，在那做事的环境中如何利益人家、帮助人家，就是修行。不要古里古怪地整天闭目盘足，好像很神的样子，干什么呢？

　　吾言甚易知，甚易行。天下莫能知，莫能行。

　　老子说：我所讲的理论平凡得很，非常容易懂，也容易做到；可是事实上，天下没有人知道，看了也不懂，也做不到。这几句话等于是先知的预言，老子只写了五千言，而我们已经研究了几千年。古今中外，尤其现在这个时代，讨论研究老子文章的五花八门，究竟哪一个人说的合于老子的本意呢？谁也不知道！

　　例如，我们在这里研究的老子《道德经》，与多数学者一样，大半是借题发挥的，是不是老子的本意呢？那就在乎各人自己的修养、自己的智慧，以及自己的造诣与看法了。所以，老子说他的话本来很容易懂，可是天下没有人懂，后世有那么多研究老子的书，这一句话对研究老子的人来说真是一个很大的幽默。而且老子自己只写了五千字，我们后世到现在为止，关于这五千字的讨论著作，几千万字都有了，那也是很滑稽的一桩事。

这在哲学的理论上，使我们得到一个概念，就是天下的事物最平凡、最平淡的，就是最高深的。真正的智慧是非常平实的，因为古今中外的人类都有一个通病，就是都把平凡看成简单，都以一种好奇的心理自己欺骗自己，认为平凡之中必有了不起的高深东西，以致越走越钻到牛角尖里去了。

我们千万要记住，什么是伟大？什么是高深？最平凡的就是最伟大的，最平实的就是最高深的，而人生最初的就是最后的。无论多么高的宗教哲学，任何一种思想，最高处就是平淡。所以，我们只要在平淡方面留意，就可以知道最高的真理。老子不过是用一种不同的方法讲出来，所表达的形态较为不同罢了。他只说他的话很容易懂得，也很容易做到，可是天下人反而不知道，也做不到。这不但代表了老子自己的学术思想，也是给古今中外的高明思想做了一个总结论。

《易经·系辞》上有一句话："阴阳之义配日月，易简之善配至德。"什么叫阴阳？最好的说明就是太阳跟月亮的作用！《易经》的道理就是这么简单，这就叫"易简"。我们知道世界上最高深的学问，在于它的最平凡处，最平凡的学问也是最高深的。禅宗六祖告诉大家"佛法在世间"。道家修道教你内修，不要外求，所谓"丹田有宝休寻道"。而儒家所教的，是在平常人与人之间的关系中，应该如何如何。都是很平凡的道理，了解了这些，大家便可以晓得什么是"易简之善配至德"了。

这些大家都要注意，人生不要自己觉得很了不起。所谓"唯大英雄能本色"，就是要永远记住，自己未发达时怎么样，不管到了什么地位，还是一样，那就对了。所以，最平凡的就是最伟大的，也是最高深的。摆出一副最伟大的样子，就是最糟糕的、最愚笨的。所以"易简之善配至德"。宇宙万有最高的道德成就，就那么简单。

（选自《金刚经说什么》《维摩诘的花雨满天》《老子他说》《易经系传别讲》）

不可得的心

所以者何？须菩提。过去心不可得，现在心不可得，未来心不可得。

佛说，一切都不是心，众生一切的心都在变化中，像时间一样，像物理世界一样，永远不会停留，永远把握不住，永远是过去的，所以"过去心不可得，现在心不可得，未来心不可得"。我们刚说一声未来，它已经变成现在了，正说现在的时候，它已经变成过去了。这个现象是不可得的，一切感觉、知觉，都是如此。可是一切众生不了解这个道理，拼命想在一个不可得的三心中，过去、现在、未来，把它停留住，想把它把握住。

因此，在座许多学佛的同学要特别注意，你要想打坐把心定住，那还是犯这个错误。当你盘腿上座的时候，想定住的那一个心，跟着你的腿一盘已经跑掉了，哪里可以保留啊！说我这一坐坐得很清净，哎呀，下座就没有了！告诉你过去不可得，现在不可得，未来不可得嘛！谁要你保持清净？清净也不可得嘛！烦恼也不可得，不可得的也不可得。那怎么得啊？不可得的当中就是这么得，就是那么平实。

有一班人解释《金刚经》，说般若是讲空，因此不可得，就把它看得很悲观。空，因为不可得，所以不是空，它非空，它不断地来呀！所以佛说世界上一切都是有为法，有为法都不实在。但是有为法，体是无为，用是有为。所以我们想在有为法中，求无为之道，是背道而驰，因此这样修持是无用的。所以并不是把有为法切断了以后，才能证道；有为法，本来都在无为中，所以无为之道，就在有为现象中观察，观察清楚才能见道。

有为法生生不已，所以有为不可限，生灭不可灭。如果认为把生灭心断灭了就可以证道，那是邪见，不是真正的佛法。所谓缘起性空、性空缘起的道理，就在这个地方。这是《金刚经》中心的中心，也是一切人要悟道中心的中心。这一点搞不清楚，往往把整个的佛法变成邪见，变成了断见的空，就与唯物哲学的思想一样，把空当成了没有，那可不是佛法！

佛讲过去心不可得，并没有说过去心没有了，佛没有这样讲吧？对不对？佛说过去心不可得，"不可"是一种方法上的推断，他并没有说过去心不"能"得，现在心不"能"得，未来心不"能"得。这一字之差，差得很远，可是我们后世人研究佛学，把不可得观念认为是不能得，真是大错而特错。所以啊，佛说过去心不可得，现在心不可得，未来心不可得，是叫你不要在这个现象界里，去求无上阿耨多罗三藐三菩提，求无上的道心，因为现象三心都在变化。

高明的法师们、大师们，接引众生往往用三心切断的方法，使你了解初步的空性，把不可得的过去心去掉，把没有来的未来心挡住，就在现在心，当下即是。当下即是又是一个什么？可不是空啊！也不是有！你要认清楚才行；要先认清自己的心，才好修道。

《金刚经》第十八品是一体同观，同观是什么？同观是见道之见，明心见性之见。所谓了不可得，可也不是空啊！也非有，即空即有之间，就是那么一个真现量，当你有的时候就是有，空的时候就是空，非常平实。你在感情上悲哀的时候就是悲哀，悲哀过了也是空，空了就是说这个现象不可得，并不是没有，是悲哀过去了，后面一定来个欢喜。欢喜的时候也是不可得，也会过去，也是空。空不是没有，空是一个方便的说法，一个名词而已。不要把"空"当作佛法的究竟，这样就落入悲观，不但证不到小乘之果——空，那还是个邪见，也就是边见。所以见惑、思惑不清楚，是不能证果的，也不能成道的。学佛法就有这样的严谨，一定要注意。

第十八品偈颂

形形色色不同观,手眼分明一道看。

宇宙浮沤心起灭,虚空无着为谁安?

"形形色色不同观",形形色色,物理世界各种现象是不同的,如人有胖的、瘦的,高的、矮的,黑的、白的,都是现象差别,无法相同。

"手眼分明一道看",但是以佛眼、慧眼、法眼看来,是一样的。手眼是什么?我们大家都看到过千手千眼观世音菩萨,一千只手,每一只手中有一只眼睛。我常说,我们坐在这里,外面进来一个千手千眼的人,我们的电灯都没用了,大概每一个人都吓得把脸蒙起来。千手千眼是代表他的智慧,无所不照,也就是代表他具有各种接引人的教育法。帮助你的手,护持你的手,救助你的手,以及观察清楚的眼睛,千千万万的手,千千万万的眼,也只有一个手,只有一只眼,平等平等。

"宇宙浮沤心起灭",每一个宇宙,每一个世界,像大海里的水泡一样,所以宇宙不过是自性起的作用。每一个思想,每一个情绪,每一个感觉,都是自性的性海上所浮起的一个水泡,生灭变化不停,自心起灭。

"虚空无着为谁安",一切法用之则有,不用即空,应无所住而生其心，本无所住。二祖来求达摩祖师，说：此心不能安，请师父替我安心。达摩祖师说：你拿心来，我给你安。二祖说：觅心了不可得，找心找不到啊！达摩祖师说：那好了，替你安好了。其实用不着他替他安嘛！过去心不可得，现在心不可得，未来心不可得，你还安个什么啊？所以说，"虚空无着为谁安"。哪里去安心呢？此心不需要安，处处都是莲花世界，处处都可以安心。在平实中，处处都是净土，处处都是安心的自宅，因为处处是虚空，无着无住。

（选自《金刚经说什么》）

灵山只在汝心头

我们晓得"如来"也是"佛"的代号,实际上佛有十种不同名称,如来是一种,佛是一种,世尊也是一种。不过,中国人搞惯了,经常听到如来佛的称法,把它连起来也蛮好。现在我们先说"如来",这是对成道成佛者的通称。释迦牟尼就称释迦如来,或者称释迦如来佛,阿弥陀佛又称阿弥陀如来。

阿弥陀、释迦牟尼,那是个人的名字,就是特称。如来及佛是通称,等于我们中国称圣人,孔子也是圣人,周公也是圣人,文王、尧、舜都是圣人。圣人就是通称,而孔子、周公就是特称。"如来"二字翻译得很高明,所以,我经常对其他宗教的朋友说:你们想个办法把经典再翻一翻好不好?你们要弘扬一个宗教文化,那是离不开文学的啊!文学的境界不好是吃不开的。

佛经翻译的文学境界太高明了,它赢得了一切。譬如"如来"这个翻法,真是非常高明。我们注意啊!"来"的相对就是"去",他没有翻"如去",如果翻成"如去",大家也不想学了,一学就跑掉了。翻译成"如来",永远是来的;来,终归是好的。佛已成了道,所以就叫如来。《金刚经》上有句话,是佛自己下的注解:"无所从来,亦无所去,故名如来。"无来也无去,换句话说,不生也不灭,不动也不静,当然无喜亦无忧,不高也不矮,都是平等,永远存在,这个道理就是如来。用现在的观念说,他永远在你这里,永远在你的面前,只要有人一念虔信,佛就在这里。所以后世我们中国有一首诗,描写得非常好:

佛在心中莫浪求,灵山只在汝心头。
人人有个灵山塔,只向灵山塔下修。

"浪"字是古文的说法,就是乱,浪求就是乱求。不必到灵鹫山求佛,不要跑那么远了,因为灵山只在你的心头。每一个人自己的本身,就有一个灵山塔,只向灵山塔下修就行了。总之,这只是说明佛、道都在每一个人自己的心中,个个心中有佛。照后世禅宗所讲:心即是佛,佛即是心,不是心外求法。以佛法来讲,心外求法都属于外道。

另外一个佛学的名词是"菩萨",这也是梵文的翻译,它的全称是菩提萨埵。"菩提"的意思就是觉悟,"萨埵"是有情。如果当时翻译成"觉悟有情",那就一点味道都没有了。采用梵文的音,简译成"菩萨",现在我们都知道菩萨啦!如果当时翻译成"觉悟有情",年轻人会以为是恋爱经典了,那不是佛法,所以不能照意思翻译。

所谓的觉悟,是觉悟什么呢?就是佛的境界,也就是所谓自利利他、自觉觉他的这个觉悟。借用孟子的话,"使先知觉后知",就是先知先觉的人,教导后知后觉的人。一个人如果觉悟了,悟道了,对一切功名富贵看不上,而万事不管,脚底下抹油溜了,这种人叫作罗汉。但是菩萨境界则不然,觉悟了,解脱了世间一切的痛苦,自己升华了,但是,看到世上林林总总的众生还在苦难中,就要再回到世间广度一切众生。这种牺牲自我、利益一切众生的行为,就是所谓有情,是大乘菩萨道。

有情的另外一个意义是说,一切众生,本身是有灵知、有情感的生命,所以叫作有情。古人有两句名言:"不俗即仙骨,多情乃佛心。"

一个人不俗气很难,能够脱离了俗气,就是不俗,不俗就是神仙。菩萨则牺牲自我,利益一切众生,所以说,世界上最多情的人是佛,是菩萨,也就是觉悟有情。"菩萨"是佛弟子中走大乘路线的一个总称。

佛的出家弟子们,离开人世间的妻儿、父母、家庭,这种出家众叫作大比丘众。在佛教经典中的出家众，归类到小乘的范围，他们离开人世间的一切，专心于自己的修行，也就是放弃一切而成就自己的道，叫作小乘罗汉的境界。这在中文中叫作自了汉，只管自己了了，其他一切不管。禅宗则称之为担板汉，挑一个板子走路，只看到这一面，看不见另一面。也就是说，把空的一面、清净的一面，抓得牢牢的，至于烦恼痛苦的一面，他拿块板子把它隔着，反正他不看。

佛教里表现实相叫示现，为表达那个形相，大菩萨们的示现都是在家的装扮。譬如大慈大悲观世音、大智文殊菩萨、大行普贤菩萨，以及另外一些菩萨等，都是以在家人的装束示现，除了大愿地藏王菩萨。出家人是绝对不准穿华丽衣服的，绝对不准化妆的，可是你看菩萨们，个个都是化妆的啊！又戴耳环，又挂项链，又戴戒指，叮叮当当，一身都挂满了，又擦口红，又抹粉的，这是菩萨的塑像。这个道理是什么呢？就是说他是入世的，外形虽是入世的，心却是出世的，所以菩萨境界谓之大乘。罗汉境界住空，不敢入世，一切不敢碰，眼不见心不烦，只管自己。

但是菩萨道是非常难的，一般说来约有几个路线。《楞严经》上说："自未得度，先度人者，菩萨发心。自觉已圆，能觉他者，如来应世。"

前面说，有些人自己并没有成道，但是有宗教热忱，愿意先来救助别人，帮助别人，教化别人做善事。任何的宗教都有这样的人，自己虽没有得度，没有悟道，却先去救助别人，这是菩萨心肠，也就是菩萨发心。

所谓"自觉已圆"，自己的觉悟、修行已经完全圆满了。"能觉他者"，再来教化人。"如来应世"，这是现在的佛、现生的佛。

说到这里，我们知道，在家有菩萨，出家一样有菩萨，虽然形象是出家，但是他的发心、愿行、心性及所做的事，都是菩萨道，这就叫作出家菩萨。

（选自《金刚经说什么》）

离经的四句偈

怎么样叫作"不取于相,如如不动"呢?

"一切有为法,如梦幻泡影,如露亦如电,应作如是观。"

这是《金刚经》最后一个四句偈。《金刚经》中有几个四句偈,如"若以色见我,以音声求我,是人行邪道,不能见如来"等,共有两三处地方。所以有人提出来,经中所说的四句偈,究竟指的是哪四句偈?

哪四句都不是!这四句偈,离经而说是指空、有、非空非有、亦空亦有。假如一定要以偈子来讲,非要把它确定是哪四句不可的话,你就要注意《金刚经》所说的:不生法相,无所住。非要认定一个四句偈不可,就是自己生了法相!所以说都不是。这才是"不取于相,如如不动",才能讲四句偈。

有为法与无为相对,无为就是涅槃道体,形而上道体。实相般若就是无为法,证到道的那个是无为,如如不动;有为的是形而下万有,有所作为。一切有为法如梦一样,如幻影一样，电影就是幻。泡是水上的泡沫，影指灯影、人影、树影等。佛经上比喻很多，梦幻泡影、水月镜花、海市蜃楼、芭蕉，又如乾闼婆城，就是海市蜃楼，再如阳焰，即太阳里的幻影等。

年轻的时候学佛，经常拿芭蕉来比，我说：芭蕉怎么样？"雨打芭蕉，早也潇潇，晚也潇潇"，这是古人的一首诗，描写一个教书的人，追求一位小姐，这位小姐窗前种了芭蕉，这个教书的就在芭蕉叶上题诗："是谁多事种芭蕉，早也潇潇，晚也潇潇。"

风吹芭蕉叶的声音，飒飒飒……吵得他睡不着，实际上，他是在想那位小姐。那位小姐懂了，拿起笔也在芭蕉叶上答复他："是君心绪太无聊，种了芭蕉，又怨芭蕉。"

是你自己心里作鬼太无聊，这个答复是对不住，拒绝往来。我们说芭蕉，难道佛也晓得这个故事吗？不是的，这是中国后来的文学，砍了一棵芭蕉，发现芭蕉的中心是空的。杭州话，空心大老倌——外表看起来很好看，中间没有东西。所以这几个比喻梦幻泡影等都是讲空，佛告诉我们，世间一切事都像做梦一样，是幻影。

二十年前的事，现在我们回想一下，像一场梦一样，对不对？梦有没有啊？不是没有，不过如做梦一样。当你在做梦的时候，梦是真的；等到梦醒了，眼睛张开，哎呀，做了一场梦！你要晓得，我们现在就在做梦啊！现在我们大家在做听《金刚经》的梦！真的啊！你眼睛一闭，前面这个境界，这个梦境界就过去了，究竟这个样子是醒还是梦？谁敢下结论？没有人可以下结论。你一下结论就错了，就着相了。

幻也不是没有，当幻存在的时候，幻就是真，这个世界也是这样。这个物理世界的地球也是假的，它不过是存在几千万亿年而已！几千万亿年与一分一秒比起来，是觉得很长，如果拿宇宙时间来比，几千万亿年弹指就过去了，算不算长呢？也是幻呀！水上的泡泡是假的真的？有些泡泡还存在好几天呢！这个世界就是大海上面的水泡啊！我们这个地球也是水泡，你说它是假的吗？它还有原子，还有石油从地下挖出来呢！那都是真的呀！你说它是真的吗？它又不真实永恒地存在！它仍是幻的。你说影子是真是假？电影就是影子，那个明星林黛已经死了，电影再放出来，一样会唱歌会跳舞，李小龙一样打得噼里啪啦的。所以《金刚经》没有说世界是空的，可是它也没有告诉你世界是有的，空与有都是法相。

所以你研究了佛经，说《金刚经》是说空的，你早就错得一塌糊涂了，它没有告诉你一点是空的，它只告诉你"一切有为法，如梦幻泡影"。梦幻泡影是叫你不要执着，不住，并没有叫你空不空。你如果说空是没有，《金刚经》说"于法不说断灭相"，是说一个空就是断灭相，同唯物的断见思想是一样的，那是错的。当梦幻来的时候，梦幻是真；当梦幻过去了的时候，梦幻是不存在的。但是梦幻再来的时候，它又俨然是真的一样。只要认识清楚，现在都在梦幻中，此心不住，要在梦幻中不取于相，如如不动，重点在这里。

当你在梦中时要不着梦之相；当你做官的时候，不要被官相困住了；当你做生意的时候，不要被钞票困住了；当你要儿女的时候，这个叫爸爸，那个叫妈妈，不要被儿女骗住了。要不取于相，如如不动，一切如梦幻泡影。

"如露亦如电"，早晨的露水也是很短暂的，很偶然地凑合在一起，是因缘聚会，缘起性空。因为性空，才能生缘起，所以说如露亦如电。你说闪电是没有吗？最好不要碰，碰到它会触电，但是它闪一下就没有了。

很多人念完《金刚经》，木鱼一放，叹口气：唉！一切都是空的。告诉你吧！一切是有；不过"一切有为法，如梦幻泡影，如露亦如电，应作如是观"。这是方法，你应该这样去认识清楚，认识清楚以后怎么样呢？"不取于相，如如不动。"这才是真正的学佛。所以，有许多年轻人打坐，有些境界发生，以为着魔了。没有什么魔不魔！都是你唯心作用，自生法相。你能不取于相，魔也是佛；着相了，佛也是魔。所以，"一切有为法，如梦幻泡影，如露亦如电，应作如是观"，这就是最好的说明。

（选自《金刚经说什么》）

内圣外王菩提心

须菩提。若有人以满无量阿僧祇世界七宝，持用布施。若有善男子善女人，发菩提心者持于此经，乃至四句偈等，受持读诵，为人演说，其福胜彼。

他说假使世界上有人，用无量无数充满宇宙那么多的宝物布施，这个人当然功劳大，福德大。《金刚经》的文字是古朴而不讲细致的。不论文章也好，一幅画也好，其他艺术品也好，太精致完美，那就完了。像那个殷商的古董，一块泥巴，但是你摆在那里越看越有趣，因为它是一块很古朴的东西。这样想也对，那样想也对，随你去想吧！现在的东西啊，精致完美，但是看了三天，就不要看了，讨厌了，再没得可看了。佛经的文学是朴实宽松而不是精细的形态。有时它文字上没有做转折，但是一看就懂了。其实"若"字就是转折，若就是假使，假使有一个"善男子善女人，发菩提心者持于此经，乃至四句偈等，受持读诵，为人演说，其福胜彼"。

所以我们可以说，满座都是有福人。但是，佛说的有个先决的条件，就是发菩提心。这可是很严重的了，什么叫菩提心？菩提就是觉悟，不是我们中文讲的觉悟，而是大彻大悟，般若波罗蜜多这个觉悟，是能超脱三界的这个觉悟。悟道就是菩提心的体，菩提心的相与用是大悲心、大慈大悲。真发了菩提心、悟了道的人，你不必劝他发大慈大悲心，他已经自然发出大慈大悲心了。

有许多朋友说：我啊，什么都信，就是有一点，发不起菩提心。我说：你观念不要搞错了，以为看见花掉下来，眼泪直流，看到一点点可怜事而心软，那个叫发菩提心吗？那是提菩心，不是菩提心。那是妇人之仁，是你神经不健全，肝气不充足，或者肾亏，所以容易悲观，容易掉眼泪，就是如此而已。真正发菩提心的人，菩萨低眉，金刚怒目，大慈悲，武王一怒而安天下，这些才是菩提心、大悲心。

用仙家的道理来说，菩提心是内圣外王。体是内圣之学，用是外王之学。以佛家的道理来讲，菩提心的体，大彻大悟而成道，阿耨多罗三藐三菩提，般若波罗蜜多，形而上道，证道。菩提心的用是大慈大悲，爱一切众生，度一切众生，不是躲在冷庙的孤僧，或自命清高的隐士。所以说，发菩提心的人，重点是在这个地方受持《金刚经》的。

有人说念《金刚经》几十年了，自己也不晓得发的是什么心！只想念经求福报，或求其他的什么，而且也有感应呀！不错，那有另外的解释，但是如果没有感应的话，那你就要注意自己有没有发心立志了。《金刚经》上说"若有善男子善女人，发菩提心者持于此经"，意思是依教奉行，依他所教育的，老老实实地去体会，去修持。在行为上、做人上、打坐做功夫上，乃至做事上去修持。

实际上，我们大家学佛修道，都是想证果。但是为什么学的人那么多，而真正能证果的人那么少见呢？主要是行愿不够，不是功夫不到。

世界上很多人为什么要学佛求道？就算不走学佛求道的路子，也要求另外一个宗教信仰，乃至不找宗教信仰的人，也要另外找一个东西来依靠。基本上来说，下意识都是有所求，像做生意一样，想以最少的代价，求一个非常大的成果。

等于求菩萨保佑的人，几十块钱香蕉，几十块钱饼，几块钱香，充其量花个一百块钱；到了庙里，烧香、叩头、拜拜，要丈夫好，要儿女好，又要升官、发财，一切都求完了以后，把香烧了，最后把香蕉带回去吃，自己慢慢吃。

这种祈求的心理多糟糕！好像人犯了错，跪在那里一祈祷，就办了交代一样。这是一种什么样的心理？我们自己要想一想。

至于我们这些修行的人，心中一定会想：我绝对没有这种心理。但是依我看来，都是一样的，方式不同而已。虽然没有这种心理，可是也想打打坐就能成道；虽不求香蕉，也在求腿。

这就是见地不清。为何见地不清呢？严格追究起来，就是行愿不对。

我们有没有仔细想想，究竟学佛修行是为了什么？都在高谈阔论，不切实际。

真正的修行，最后就是一个路子：行愿。什么叫行愿？就是修正自己的心理行为。

我们的思想，起心动念是没有发出来的行为，一切的行动则是思想的发挥。我们想求得空，这是在追寻一个形而上的问题，追寻能够发生思想的根源。在行为上、思想上真正做到了空，几乎是不可能的。假定有人做到思想完全空，变成无知了，那又何必修道呢？所以空的道理不是这样。

学佛的人有一个基本的毛病，大家要反省。首先，因为学佛，先看空这个人世间，所以先求出离，跳出来不管。因为跳出来不管，慈悲就做不到。我们口口声声谈慈悲，自己检查心里看看，慈悲做到了多少啊？这是个非常非常严重的问题。其次，贪嗔痴慢疑，我们又消除了多少？比如有一个例子，我们大家修行，越修得好，脾气越大，为什么？你打坐坐得正舒服,有人来吵你,你还不气啊?这种心理作用是不是跟慈悲相反呢?

还有功夫做得好的人,静的境界尽管好,下座以后,所有的行为同静的境界完全相反。理论讲得也很对,做出来的完全相反。所以佛家要我们先从戒着手,小乘的戒还只是消极的,只防止自己行为的错误,这是小乘戒的基本原则。大乘菩萨要积极培植善根,这样才是大乘菩萨戒的基本。但是我们连消极的也没有做到,积极的更谈不到。

所以我们光想打坐达到空,在心行上做不到是空不了的,因为我们坐在那里守空,是"我"去守空,没有做到无我的空,假定无我,何必求空呢?无我就已经空了。

以行愿来讲,"行"才是真见地,行不到,见地没有用,要做到这个才能谈到真慈悲,因为慈悲就是无我。其实,我们普通讲慈悲都属于"情",不是"智"。佛法大乘道的慈悲是智,是般若的慈悲。所以,以其真无我,才能真慈悲。说我要慈悲你,早落于下乘了。比如父母爱儿女那个仁慈,尤其是母爱,绝不要求代价的,这是普通人道的父母子女之爱,但那还是"情",这情是由"我"爱而发;菩萨的慈悲是"智",智是由"无我"爱而发,这可严重了。

所以讲行愿、行门之重要,我们随时在静定中,要检点自己。什么是修行人？是永远严格检查自己的人。随时在检查自己的心行思想，随时在检查自己行为的人，才是修行人。不要认为有个方法，有个气功，什么三脉七轮啊，或念个咒子啊，然后一天到晚神经兮兮的，那是不相干的。我们看到多少学佛学道的人，很多精神不正常，为什么染污了？为什么有那么多的不正常呢？因为没有严格地在修行。换句话说，没有严格地反省自己，检查自己。

比如贪嗔痴三毒，你说我们哪一点不贪？你说你一点都不贪，一天到晚想跟我在一起，想多跟老师一下，这是不是贪？我这里没有东西可给你的，因为你"贪"，你希望老师那里也许有点东西可挖了来，这是什么心理？为什么自己不去用功呢？我当年向我的袁老师学习，不是我向老师问问题，都是老师在问我。

贪嗔痴慢疑要断，谈何容易啊！你说，你打起坐来会空，没有用的。你在事上过不去，心事来的时候过不去，嗔心来的时候比谁都大。什么是嗔心？怨天尤人就是嗔，这是嗔的根。对环境，对一切不满意，有一点感觉不满意维持着，就是嗔心的开始。

至于痴，那就更不用谈了，引用袁老师的诗：

业识奔如许，乡关到几时？

……

五蕴明明幻，诸缘处处痴。

你看学佛的人，个个都晓得谈空，可是每一个人都有心理上、感情上的痴，利害上的痴，生命上的痴，等等，无一而不痴。没有智慧嘛！这些根会在哪里发现呢？行为上没发现，梦中都会发现的。梦中会有这样的行为，就是因为自己永远在贪嗔痴中。行为如果转变不了，要想转变气脉，那是不可能的。但是如果认为气脉转变就是得了道，那也是荒唐。听了多少人气脉通了，可是现在都到黑茫茫的那个地方去了。

老实说，一个人真做了一件善行，这一天盘个腿打坐看看，马上就不同，气脉马上就不一样，心境马上就扩大了，这个是绝对不能欺骗自己的事。不要说真正善的行为，或内在的善心，今天如果真把贪嗔痴慢疑这些毛病解决了一点，那个境界就不同一点。所以我们坐起来不能空，心境空不了，就得找找看，看今天自己的病根在什么地方，为什么今天上座不能空？你的心念在贪嗔痴慢疑当中，一定有个东西挂在那个地方。这是阿赖耶识的问题，不是第六意识的事情。如果没有检查这个，光是打打坐求一点空，求一点功夫，是没有用的，奉劝你不要学道，你会把自己给害了的。

至于发起救人救世之愿，能有一点行为为别人着想，处处能牺牲自己的人,在我看来,没有一个做得到,一点也做不到,所以要想证果,绝无此事。

你说:我打起坐来,能够坐三个钟头,心里清清净净。那是你在那里偷懒,也可以说是一种"道者盗也"。所以我们学佛打坐都是坐在那里偷盗,而在同一时间,社会上那么多人却为我们在忙碌。所以佛家有一句话很了不起,就是早晚课诵的一句话:

上报四重恩,下济三途苦。

这就是行愿的愿,每天都提醒我们做功德。我们学佛的人都要随时随地检查自己,每天要"上报四重恩",这四种恩都是我们所欠的:"佛恩""父母恩""国家恩""众生恩"。

众生对我们有什么恩呢?一个人活在世界上,要靠社会上很多人的努力成果,所以学佛的人要上报四重恩。我们活着一天,都要麻烦很多人提供生命所需给我们,事实上如此。

"下济三途苦",同时也要想到下三道——畜生、地狱、饿鬼的苦痛。换句话说,随时要想到不如我的人的痛苦,要想到怎样去帮助他们。可是我们做到了没有?学佛的人只想怎么为自己求到法财侣地,你帮忙我成道,如此这么一个动念,就是自私的基本。你为什么不先帮助人家成道呢?所以上面讲行，下面讲愿。愿发起了没有？自己想想看。

至于说"众生无边誓愿度，烦恼无尽誓愿断，法门无量誓愿学，佛道无上誓愿成"，那真是在念经，念过去就完了，心里根本没有这回事。首先"众生无边誓愿度"，只要度我就好了。"烦恼无尽誓愿断"，最好你帮忙我断。"法门无量誓愿学"，你教我就好了。"佛道无上誓愿成"，将来总有一天会成。这四句话我们往往是这样下的注解，只要一反省起来，就很严重了。

（选自《金刚经说什么》《如何修证佛法》）

图书在版编目（CIP）数据

人生随处是心安 / 南怀瑾讲述 . -- 北京：北京联合出版公司, 2023.7（2025.1 重印）
ISBN 978-7-5596-6955-1

Ⅰ . ①人… Ⅱ . ①南… Ⅲ . ①人生哲学－通俗读物 Ⅳ . ① B821-49

中国国家版本馆 CIP 数据核字（2023）第 102779 号

人生随处是心安
作　　者：南怀瑾
出 品 人：赵红仕
责任编辑：徐　樟

北京联合出版公司出版
（北京市西城区德外大街 83 号楼 9 层　100088）
嘉业印刷（天津）有限公司印刷　新华书店经销
字数 177 千字　880 毫米 ×1230 毫米　1/32　印张 9
2023 年 7 月第 1 版　2025 年 1 月第 4 次印刷
ISBN 978-7-5596-6955-1
定价：59.00 元

版权所有，侵权必究
未经书面许可，不得以任何方式转载、复制、翻印本书部分或全部内容
如发现图书质量问题，可联系调换。质量投诉电话：010-82069336